LINZHANG ZHILIN
QIYUAN BIAN

林长治林

方光华　姚小俊／著

安徽省林业局　安徽省林长制办公室／编

U0323392

时代出版传媒股份有限公司
安徽文艺出版社

图书在版编目（ＣＩＰ）数据

林长治林. 起源编 / 方光华，姚小俊著 ；安徽省林业局，安徽省林长制办公室编. -- 合肥 ：安徽文艺出版社，2024. 9. -- ISBN 978-7-5396-8168-9

Ⅰ．S76

中国国家版本馆 CIP 数据核字第 2024H52K45 号

出 版 人：姚　巍　　　　　　　　策　　划：孙　立
责任编辑：张　磊　　　　　　　　装帧设计：徐　睿

···

出版发行：安徽文艺出版社　www.awpub.com
地　　址：合肥市翡翠路 1118 号　　邮政编码：230071
营 销 部：(0551)63533889
印　　制：安徽联众印刷有限公司　(0551)65661327

···

开本：710×1010　1/16　印张：13.25　字数：130 千字
版次：2024 年 9 月第 1 版
印次：2024 年 9 月第 1 次印刷
定价：48.00 元

···

编　委　会

主　　编：周　密

副 主 编：李拥军　　张令峰　　周　乐

成　　员：林高兴　　陈明安　　吴　菊　　许召胜　　王毅然

　　　　　蔡文博　　余本付　　何少伟　　周小春　　黄存忠

　　　　　张　舜　　杨　勇　　刘　力　　何小东　　石军良

　　　　　黄先青　　朱　谦　　吴　荣　　程高记　　章齐国

　　　　　丁德贵　　章崇志　　肖　斌　　汪小进　　朱广奇

　　　　　席启俊　　何世宇　　张贤应　　凌化矾　　张　骏

　　　　　鲁孝诗　　金　星　　朱卫东　　李坤圣　　韩红伟

　　　　　王希帮　　李继宏　　张善忠　　承良杰　　金玉峰

　　　　　梅长春　　张　东　　章国林　　陈海维　　方蓉艳

编写成员：余建安　　王　冠　　段　琳　　王燕舞　　蒋筠雅

目　　录

三、没有"林长"称谓的林长们

四、林长治林

引　子

安徽地跨长江、淮河、新安江三大流域,承东启西,连接南北,其中,淮河是我国传统的南北分界线,生态区位重要。安徽地处暖温带与亚热带过渡地区,气候温和,雨量适中,光照充足,水热条件较好,发展林业具有得天独厚的条件。安徽拥有皖南、皖西两大重点林区。安徽省林业局资料显示,截至2022年4月,安徽省建立的省级以上自然保护区共40处,包括清凉峰、升金湖、牯牛降等8处国家级自然保护区;省级以上森林公园81处,包括黄山、九华山、天柱山、琅琊山等35处国家级森林公园;52处省级重要湿地,包括升金湖国际重要湿地,巢湖、太平湖、升金湖、石臼湖、扬子鳄栖息地等5个国家重要湿地,一般湿地517处,全省湿地总面积104.18万公顷,占全省土地总面积的7.44%,全省湿地保护率在51%以上;安徽省现有 100 个国有林场,分布在 15 个市 58 个县(市)区,林业用地面积 449.33 万公顷,约占全省土地面积三分之一,森林覆盖率 30.22%,森林面积 417.53 万公顷,森林蓄积量 2.7 亿立方米。

安徽省森林植被水平分布规律明显:淮河以北属于暖温带落叶阔叶林地带,多杨、槐、桐、柏;淮河以南属北亚热带常绿阔叶林地带,多松、杉、栎、竹。动植物种类繁多,生物多样性丰富。全省有陆生脊椎动物 550 余种,其中国家一级保护陆生野生动物 35 种、二级保护陆生野生动物 90 种。扬子鳄作为世界濒危物种,其野生种群仅分布于安徽省境内。全省有维管束植物 3640 种,其中国家一级保护植物 10 种、二级保护植物 74 种。

为深入贯彻习近平总书记 2016 年考察安徽"把好山好水保护好"重要指示精神,2017 年安徽在全国率先探索实施林长制,在旌德试点的基础上,选择合肥、宣城、安庆等市扩大试点,并于 2018 年在全省推开,2019 年创建首个全国林长制改革示范区,林长制写入新的《中华人民共和国森林法》,入选中央改革办 2019 年十大改革案例。

何谓林长制?林长制是以保护发展森林等生态资源为目标,以压实地方党委、政府领导干部责任为核心,以制度体系建设为保障,以监督考核为手段,构建由地方党委、政府主要领导担任总林长,省、市、县、乡、村分级设立林(草)长,聚焦森林草原资源保护发展重点难点工作,实现党委领导、党政同责、属地负责、部门协同、全域覆盖、源头治理的长效责任体系。

到 2018 年底,省、市、县、乡、村五级林长组织体系,护绿、增绿、管绿、用绿、活绿的"五绿"目标责任体系,以及政策支撑体系、制度保障体系、工作推进体系等基本建立,"一林一档""一林一策""一林一技""一林一警""一林一员"的林长制"五个一"服务平台加快建设,党政同责、属地负责、部门协作、社会参与、全域覆盖的林业保护发展长效机制初步形成。

社会各界密切关注安徽省林长制改革进程,中央全面深化改革委员会办公室、国家林业和草原局对安徽省林长制改革给予全程跟踪指导和分析评价。全国人民代表大会常务委员会将林长制列入正式修订的《中华人民共和国森林法》,全国绿化委员会、国家林业和草原局出台了《关于积极推进大规模国土绿化行动的意见》,明确提出大力推行林长制。林长制改革被安徽省委、省政府列为改革开放 40 年标志性牵动性改革之一。2019 年 1 月,全国林业和草原工作会议在合肥召开,现场考察和总结推广安徽省率先实施林长制改革的经验做法,鼓励全国各地深入探索林长制。国家林业和草原局明确提出,要总结推广安徽成功经验,在全国探索实行林长制,这标志着安徽省林长制改革的探索性实践取得了预期成效。

2019 年 3 月,安徽省级林长制会议明确提出要积极创建全国林长制改革示范区。同年4月,国家林业和草原局同意支持安徽创建全国林长制改革示范区。安徽省委、省政府经过深入调研和充分论证,于2019年9月10日印发《安徽省创建全国林长制改革示范区实施方案》,明确将打造"绿水青山就是金山银山实践创新区、统筹山水林田湖草沙系统治理试验区、长江三角洲区域生态屏障建设先导区"作为全国林长制改革示范区建设的目标定位,并确立了创建工作五大任务。安徽省为扎实推进示范区建设的目标定位,按照分类指导、分区突破、系统集成的原则,在全省设立30个林长制改革示范区先行区,确定90个改革创新点。

2020年8月18日至21日,习近平总书记亲临安徽考察调研,在听取安徽省委工作汇报时,做出落实林长制的重要指示,肯定安徽省林长制改革的创新实践,为深化新一轮林长制改革提供了根本遵循。10月29日,党的十九届五中全会通过的《中共中央关于制定国民经济和社会发展第十四个五年规划和二〇三五年远景目标的建议》明确提出"推行林长制";11月2日,中央全面深化改革委员会召开第十六次会议,审议通过《关于全面推行林长制的意见》。尤其是2021年11月11日,党的第十九届六中全会通过的《中共中央关于党的百年奋斗重大成就和历史经验的决议》明确了建立健全林长制等制度。

这是安徽省林长制改革具有重要意义的里程碑。

2021 年 5 月 28 日,安徽省人大常委会审议通过《安徽省林长制条例》,这是全国首部省级林长制地方性法规,自 2021 年 7 月 1 日起施行,实现从"探索建制"到"法定成形"的飞跃。

从安徽省林长制的探索和实践来看,林长制改革最初聚焦于定责和履责,也就是让林长们知道自身的责任是什么,应当怎样履行自身责任。

在安徽林业发展上,"定责"和"履责"是一种民间智慧,换句话说,是老百姓智慧的结晶。

正如 1978 年 11 月 24 日安徽凤阳县梨园公社小岗生产队 18 位农民,悄悄聚集到严立华家破败的茅草屋里,以按红手印的方式,立下大包干的"生死契约"。这件发生在一户普通农家的"小事",拉开了中国农村改革的序幕。

大江大河的源头往往是高山峻岭中的一滴滴泉水,参天大树的源头往往是一粒萌芽于春的种子。林长制的源头萌发于林区,萌发于面朝黄土背朝天的林农,是安徽人民不畏艰难、敢为人先开拓精神的又一次证明。

一、"源"起华川

华川村入口大门（旌德县林业局　供图）

从旌德县城旌阳镇沿华新路往东北方向行驶,一路都是上行,路边的村庄在田野的环抱之中,不同的季节呈现出不同的颜色。这些村庄无一例外地都背倚山岭。这条公路与当下旅游热点线路"皖南川藏线"相连接,是"皖南川藏线"的南入口。旌德县的地理坐标

恰在神秘的北纬30°线上,是世界文化和自然双遗产黄山的东大门。旌德的山,笼统的地理概念称之为黄山余脉,黄山的骨架和灵气在这里都是自然天成。

车行8千米,在缓坡处右拐,一条绿化的柏油路往东延伸,路南是一层层的山区梯田,路北是个满是茂林修竹的山岗,路口竖着一个树根状的龙门架,上面赫然立着"全国林长制改革策源地"10个大字,穿过龙门架前行600米就是蔡家桥镇华川村。

全国林长制改革策源地——华川村(旌德县林业局 供图)

　　村头广场上立着一块近10米长的大石头,石头上刻着"全国林长制改革策源地华川村"13个大字,字用红漆抹彩,春阳之下显得非常醒目。村右流动的小溪称汤村溪,村左流动的河水称大溪河,村庄水口在汤村溪上。过去的水口桥东兴桥依然是古风古貌,拱桥的身躯,石板的台阶,让人一眼就觉得华川是个有着悠久历史的村庄。水口上长着四棵古树:三株黄连树,一株黄檀树。路边的黄连木和黄檀木之间建了一处木制廊亭,亭边设有一个小广场,临近广场的

房屋外墙被辟成了"三治"宣传栏。

水口上的黄连树几近两人合抱,黄檀树还不够一人合围,因为树种不同,长的速度有快有慢,二者都有两三百岁。黄连木与黄檀木都可入药,前者有消炎解毒、收敛止泻之用,后者有清热解毒、止血消肿、医治细菌性痢疾和疗疮肿毒之效,将黄连和黄檀种在村口自然是华川先人的生活智慧。黄连木,又称楷木,在古代被视为尊师重教的象征。

说到华川人的聪明智慧,妇孺都会拿御前侍卫王登的传说来佐证。《旌德县志》收有这样一则传说:

清朝康熙年间,旌德华川村东阳出了一位有名的武将,名叫王登。他是康熙癸未年(1703 年)武进士,能骑善射,曾一箭连穿金钱四枚,先后当过康熙、雍正、乾隆三位皇帝的御前侍卫。乾隆皇帝下江南,就是由他保驾的。

那时候,旌德人口稠密,不少人到扬州等地经商。他们善于经营,生意越做越兴隆,当地奸商、劣绅、地痞等颇为嫉妒。旌德人生性敦厚,不会奉承拍马,更不会贿赂官府。一日,在扬州的旌德同乡会不知何故,得罪了当地一位官吏,该官吏盛怒之下,派兵驱赶旌德人出城四十里。匆促之间,旌德老老少少统统被赶出了扬州城。出城后,旌德人缺衣少食,无处栖身。正在彷徨之时,恰遇乾隆帝南巡,听说不日就到扬州城,大家决定拦路告状。此时一位长者插言:

"不可造次！就算万岁爷接得状纸，亦必先问问扬州地方官。那些官员岂肯认错？若万岁爷把此事交本地官府处置，只怕会惹来杀身之祸！"大家听后觉得有理。正在为难之际，有人提议："万岁爷的御前侍卫王登是旌德人，何不找他？"大家同意试一试。次日，他们就派了几个人赶到乾隆帝御前，找到王登，诉说了旌德人在扬州的遭遇。王登听后十分同情，当即商议好计策。

快到扬州时，王登带领十几名随从先行探路，通报圣驾行程。扬州官府闻报，在御前侍卫来路东门外设下香案，文武官员、地方士绅都来恭候迎接。王登一行快马而来，刚到东门，抬头一看，城门边有张大布告，上书"赶旌德人出城四十里"。王登二话未说，向随从大声叫道："走南门进城！"拍马向南而去。迎接的官员不知何故，忙抄近路把香案迅速移至南门。兵丁刚把香案摆好，王登已到，见南门和东门一样，也有驱赶旌德人的布告，遂又大喊一声："进西门！"转身西去。众官员上气不接下气，只得又往西门奔去。刚到西门，喘息未定，又听王登大叫一声："走北门！"勒马北去。众官员和士绅硬着头皮，着急忙慌向北门而去，未到北门，只听王登忽又厉声叫道："不进扬州城了！"带领随从拍马而回。

王登一行马不停蹄，一口气跑到乾隆皇帝的驻跸处。乾隆正想了解扬州情况，急宣王登进见。只见王登满脸通红，一头大汗，匆匆跪下禀道："启奏万岁，小臣不敢进扬州城！"乾隆一听，觉得蹊跷，忙问道:"扬州是朕的天下,你是朕派去的,何故不敢进城?"王登拜道:"小臣乃旌德县人,故不敢进扬州城。"乾隆听后,十分诧异,又忙问:"旌德人何故不能进扬州城?""小臣到扬州城,但见四门高悬官告,上书'赶旌德人出城四十里',故此不敢进城!"乾隆听了,把桌案一拍,气愤地说:"这还了得!朕居住的京城,也从来没有把外地人赶走一个。这小小的扬州,竟敢如此无法无天!来人哪!速传朕旨,告诉扬州百官:凡被赶出的旌德人,明日随朕进城,大小官员,必须出城四十里远迎!违者处斩!"这道圣旨很快传到扬州官府,那些惊魂未定的官员急忙吩咐兵丁把各处布告除净,并在四门张灯结彩,连夜派人赶到城外向旌德人道歉,并送去红花请他们佩戴进城。第二天天刚亮,扬州的大小官员、士绅以及平日欺压旌德人的地头蛇,各备香案,出城四十里迎驾,接旌德人回城。大家排成两条长龙,跪在道路两侧,静静等候。

不一会儿,御林军先到,接着是一队兵丁手持绣有金龙的大清旗帜,鸣锣喝道,再就是数十名太监,手提香炉,香烟缭绕。乾隆帝坐着一顶三十人抬的大轿,缓缓而来。随后是十数顶八抬和四抬的轿子,都是妃子、宫女以及随行官员。但见王登骑马在后,紧跟着他的是一大批旌德人,男女老少个个披红戴花,昂首挺胸地跟着乾隆皇帝进了扬州城。

从此以后,旌德人与扬州的居民友好相处,当地的达官显贵、奸商地痞再也不敢欺侮他们了。

华川村村委会所在地,旧称"赵村街",并不大,居民仅 68 户。赵姓居多,居住分散,其中一段房屋排列如街,故名。村庄北面是海拔 707 米的大岭头及海拔 600 米的柜台山,东边紧挨着的是海拔 754 米的鸦鹊山,这些山头统归在凫山山脉名下。凫山山脉全长 18 千米,地跨旌阳、蔡家桥、俞村、云乐 4 镇,宽 1 千米—6 千米不等,总面积 100 平方千米,是青弋江和水阳江水系的分水岭。赵村街就在凫山山脚下,红色的琉璃瓦房在蓝天和青山的衬托下显得异常静美。

这个智慧又自信的小村庄,就是我们想探秘的林长制的源头所在。

70 年前的四张林权股票

在华川村村情馆玻璃展柜里,展示着 1952 年 3 月 13 日填登的四张林权股票。股票上登记的合作社社员分别是:周锦山、周腊凤、周灶根、张荷花。

其中一张林权股票上的文字如下:

林权股票

旌德县第三区华蓉村造林委员会股票　华建字 96 号

兹有华蓉村第二自然村周锦山自愿参加合作造林入股一股合行,发给此股票为证。

主任委员:宋隆清　副主任委员:何自来

附载:

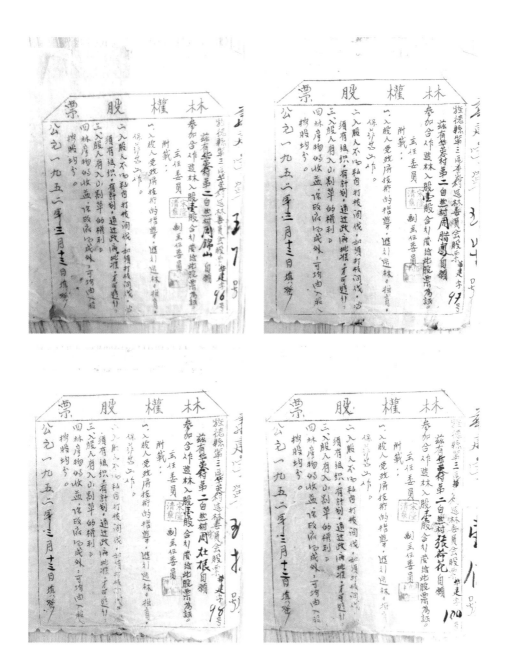

林权股票

一、入股人受政府技术的指导,进行造林、抚育、保护等工作。

二、入股人不得私自打枝间伐。如须打枝间伐,必须有组织、有计划,通过政府批准,才可进行。

三、入股人有入山割草的权利。

四、林产物的收益,除政府得成外,可均由入股人按股均分。

公元一九五二年三月十三日填登

这四张股票的形式很特殊,和我们一般见到的股票有所区别。一般股票只规定总资本多少,分多少股,每股多少钱,股息如何分配,股东的权利与责任在股票上不会体现。但这四张股票却把权利与责任揽于一纸之中。

这里有必要把股票上的"华蓉村"与"华川村"的历史做个简单交代。华川村因华云山及大溪得名,新中国成立前属旌德县乔安乡华蓉保;1950年属旌德县乔亭区华川乡华蓉村,所以林权股票上才有"华蓉村造林委员会"字样;1956年成立华川农业生产合作社;1961年建华川大队,属乔亭公社;1984年改称乔亭乡华川村委会;2003年11月乡镇合并后为蔡家桥镇华川村。

四张林权股票是华川村村委会原主任、林长周云长保存的,股票分别是 96 号、97 号、98 号、100 号。96 号持股人周锦山,是周云长的祖父。97 号持股人周腊凤,是周云长的小姑妈。98 号持股人周灶根,是周云长的小叔叔。100 号持股人张荷花,是周锦山养女、周云长姑妈。

周云长 1962 年出生,1994 年至 2021 年担任华川村村委会主任。我们第一次接触周云长就感觉到他是个干事认真细致的人,虽然没有深入交往,但看了周云长家里收藏的老物件,我们认为自己的判断是有依据的。周云长的收藏室在两层新楼房的一楼,老物件有百余种,不仅有他爷爷周锦山的照片,还有周锦山 20 世纪 50 年代、60 年代及 70 年代担任村纸厂厂长、林场场长、火炮厂厂长业务往来的信件,有农村生产、生活方面的诸多用具,居然还有他奶奶的裹脚布。这些都是轻量级的,重量级的还有清代建和修东兴桥时立的两块大石碑。平心而论,在讲究传统文化的皖南要找到这样珍惜历史记忆的村干部同样是稀罕之事。周云长说,他爷爷 1978 年去世之后,他就将爷爷的工作日记本、会议记录本、照片、人民代表证等老物件、票据整理好,一起装进一只宗谱箱里,并在箱子里放进 6 粒樟脑丸防虫蛀。要知道,周云长那时只是个初中毕业生,居然有着这样强的"文物"保护意识,不得不令人敬佩。否则,就不会有我们眼前这四张 72 年前的林权股票。

1956 年,华川村统计人口是 1302 人,其中非农人口 28 人。

1952年的人口数应当与此相当,按一人一股推测,林权股票应该有1200多份。从林权股票内容看,当年华川山上树木不多,树木枝丫是农家的主要燃料,于是才有"不得私自打枝间伐"的规定。这份林权股票给持股人定下的责任是"入股人受政府技术的指导,进行造林、抚育、保护等工作",对入股人的要求和权益同样规定得十分清楚:"入股人不得私自打枝间伐""入股人有入山割草的权利"。当年林山上可能还种有花生、芝麻等作物,故股票最后一条明确收益分成,"林产物的收益,除政府得成外,可均由入股人按股均分"。林业生产同样有组织、有计划,"如须打枝间伐,必须有组织、有计划,通过政府批准,才可进行"。

这样一张林权股票,无疑有满满的烟火气,责任、权利,老百姓人人能懂。

我们在2006年6月修的一本《旌德县林业志(修正稿)》打印本"大事记"中,看到这样四条信息:

3月,开展合作造林,按劳七苗二山一的比例分成。

10月,县府颁布《护林公约》。

11月,建立林木砍伐制度,集体或个人采伐,由区人民政府签发"林木采伐通知书",同时,开征育林费,共收1695万元(旧币)。

是年,县、区、村成立护林防火委员会,共有各级防火组织 90 个,成员 501 人。

这四条信息,正好能与林权股票相互补充印证。

60 年前的林业责任制

光有一张林权股票,有人会说这是偶然。

一项再简单的制度,执行时总有连续性,其间还会因情况的变化发展逐渐完善起来。

这事确实很巧,周锦山记于 1963 年 4 月 26 日至 1964 年 3 月的一本工作笔记回答了这个疑问。

1964 年 3 月,华川村根据上级林业工作会议精神召开扩大会议,由贫下中农代表、全体党员及生产队队长和干部会议制定华川村造林、护林公约,把当时怎么造林、怎么护林、如何产生经济效益,讲得明明白白。

可以说,这份记录就是今天林长制源头的那一滴水,说它是"林长制胚胎"可能更准确一些:

年 月 日 星期

采伐必须更新。砍一棵，栽三棵。保证成活。

国造国有。社造社有。队造队有。社员在宅前屋后或在指定的空地上种植多星竹木永远归社员所有。

因地制宜地实行林粮间作。既增产粮食。又是进树木生长。

禁止毁林开垦。多格管理用火。防止引起火灾。

加强抚育。做到栽一株活一株，造一片活一片。

积极造林。增加森林资源。既增产木林支援国家建设。又减虫水、旱、风沙灾害。保障农业生产。

护林有功者奖。破坏森林者罚。

家家户户教育儿童。不得在林区玩火。社社队队加强牲畜管理。防止毁坏林木。

积极贯彻自采种、自育苗、自造林的三自方针。

发现山火、立即报告。积极扑灭。

周锦山笔记：1964年华川村造林、护林公约采伐必须更新。砍一棵,栽三棵,保证成活。

国造国有,社造社有,队造队有,社员在家前屋后或在指定的空地上种植零星竹木永远归社员所有。

因地制宜地实行林粮兼作,既增产粮食,又促进树木生长。

禁止毁林开垦,严格管理用火,防止引起火灾。

加强幼林抚育,做到栽一株活一株,造一片活一片。

积极造林,增加森林资源。既增产木林支援国家建设,又减少水、旱、风、沙灾害,保障农业生产。

护林有功者奖,破坏森林者罚。

家家户户教育儿童,不得在林区玩火。社社队队加强牲畜管理,防止毁坏林木。

积极贯彻自采种、自育苗、自造林的"三自"方针。

发现山火,立即报告,积极扑灭。

划分责任区,建立责任制,做到山山有人护、处处有人管。

建立护林组织,订立护林公约,规定护林责任制度。共同遵守,互相监督。

建立联防组织,实行互防互救。

（注:文字、标点按规范修改）

看到这张 60 年前的字迹清晰的会议记录,我们都有点不相信记这本笔记的主人只读过两年书。

这份会议记录,已经比 1952 年林权股票的内容丰富了很多,涵盖了造林、采苗、栽种、抚育、防火全过程,责、权、利分得清清楚楚。两者联系起来,能够很清楚地看到当时的林业有了发展,华川村 18170 亩山场分国有、社有、队有三种存在方式,林业生产管理要求提高了,责任制内容丰富了。

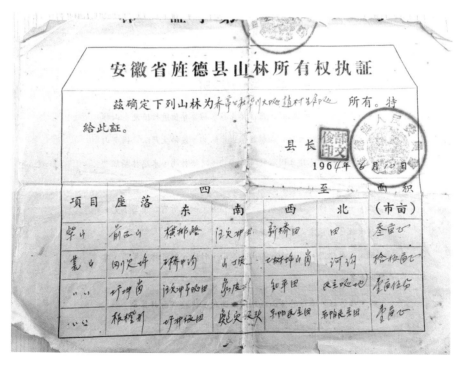

1964 年"安徽省旌德县山林所有权执证"

周云长印象最深的,就是爷爷周锦山对山林保护的那种执念:"爷爷当了多年的村主任,那时村里人想上山砍一棵树,他坚决不答应。有天晚上,有人偷偷上山砍树,准备用来盖房子,爷爷听到砍树声后,连夜上山把他逮到交给村里处理。回家后,我奶奶骂他,说他是'老棺材',为了一棵树,要把村里人都得罪光了。"还有一次,周云长兄弟3人去村子对面山上砍了一担柴火,回家后被爷爷堵在门口。"他气得脸都变了色,狠狠骂了我们一顿,然后让我们把柴火挑给一家五保户。"周云长回忆说。

周锦山在任时,领着村里的干部和村民们,自己育苗、开荒种树、建林场、制定护林制度……周云长从爷爷那些事无巨细的记录中看到了祖辈对大山、对村子的感情,"大家都知道,他是一心一意在为村民做好事"。

在这些有迹可循的时间脉络之下,是华川村几代人对山林的感情。

多年以后,周云长接下爷爷未竟的事业,担任起华川村村主任,将大半辈子心血倾注在华川村的山林中。在两三代人的努力下,这个小山村周围山上的树越来越多,林子越来越茂密,山也越来越绿。

周云长的收藏,使得林长制的历史源远流长起来。"人民创造历史""智慧在民间",任何时候都不是大话、空话。

周云长藏在宗谱箱里的"宝贝"又是如何与林长制发生关联

周云长在整理收藏的资料(江建兴　摄)

的呢?

　　还是这位细心的周云长主任。2017 年 6 月,旌德县在全省县级层面上率先推行林长制,还在村主任位置的周云长,通过对林长制内容的学习领会,感觉一些内容与自己保存的爷爷周锦山的林权股票、笔记本中有关治林公约的内容有些相似,于是悄悄打开尘封已

久的档案比对起来,才有了这一惊人的"发现"。2018 年,周云长把
这一"发现"向上级林业部门反映,引起了旌德县、宣城市、安徽省林
业部门的重视,使得华川村最终有了"全国林长制改革策源地"的
美誉。

二、生长的"林长制"

山多林少的历史

旌德县始建于唐宝应二年(763 年),位于北纬 30°07′—30°29′,东经 118°15′—118°44′,地处安徽省宣城市西南部,县境东邻宁国市,南邻绩溪县,西邻黄山市黄山区,北邻泾县。境内峰高谷深,系黄山山脉向东北延伸,西南高,东北低。

旌德境内主要山峰有西南部的大坞尖、箬岭、大会山、罗青山、六坑尖、龙王山,中部的牛山、石凫山,东北部的塘山头、春岭、赤坑山等。最高峰大坞尖,海拔 1295.6 米。最低处三溪镇,海拔 146 米。县城海拔 190 米。

旌德县四面环山,东西长 41.1 千米,南北宽 22 千米,呈东西向长方形,地形自中部向东北和西南倾斜,分为中山、低山、丘陵和山间盆谷四种地貌类型。中山主要分布在西南、东北和西北角,山脉为西南—东北走向,峰谷相间,雁行斜列。一般坡度为 25°—35°,最陡 60°以上。低山分布在中山两侧。岩层多裂隙,岩性偏软,易风化剥蚀。一般坡度为 26°—35°。丘陵广泛分布在低山内部,相间排列,坡度为 10°—25°,为近代河流冲积物。山间盆谷主要分布在徽水河两岸,地势较平坦开阔。丘陵内部为四周山体滑坡冲积物,地势向盆心倾斜。

旌德成土母岩,主要有花岗岩、砂岩、页岩、板岩和零星分布的石灰岩等。土壤多为黄红壤和山地黄壤,质地疏松,含石量适中,排水性能好,细黑土层厚,多呈微酸反应,适宜多种林木生长。

旌德县属亚热带湿润季风气候,四季分明,雨量充沛,气候温和,日照适中,年平均温度 15.5℃,7 月份平均温度 27.7℃,全年大于和等于 10℃积温为 4882℃,日照时数 1972 小时,年平均降雨量 1395 毫米,蒸发量为 1325 毫米,相对湿度为 77%,无霜期 231 天。

旌德 1949 年至 1987 年属徽州地区管辖,1988 年 1 月划归宣城地区管辖,辖 10 镇,15 万人。全县总面积 907.07 平方千米,其中山场 56527 公顷,耕地 19184 公顷,水域 2500 公顷,建设用地、园地和其他土地 12269 公顷。山场面积占全县总面积的 62.32%。

旌德森林属亚热带落叶阔叶与常绿混交林带。由于气候条件优越,且兼有中亚热带向北亚热带植被过渡的特征,故树种资源丰富。植被类型除呈地带性分布规律外,还有垂直分布。海拔 400 米以下的,为经济林种群,以桑、竹、油桐、漆树、干鲜果为主,兼有松、杉针叶林,还有檵木、乌饭树、杜鹃花等灌木丛和蒿草群落。海拔400米—1000米层次,是常绿、落叶混交林区,自下而上是以青冈栎、甜槠、小叶青冈为优势的常绿阔叶林,部分地区混有较多的落叶阔叶林及松、杉针叶林。珍贵树种有香果树、鹅掌楸、金钱松、银杏、桢楠等。

旌德建县时,是个山川秀丽、古树参天、森林茂密、鸟语花香的地方。

唐至宋,旌德县人口稀少,森林不封自育,不植自繁,千山林秀,万壑鸟鸣。晚唐诗人吕从庆有诗"郁郁长林障远乡""纠峰岭半树森然"。版书将军庙是"夜抵梅溪路不分,十里青山万里云"。三溪南湾石壁山是"石壁之峰高插天,春阴黯黯喷紫烟。两岸松杉尽千古,飞泉万壑声溅溅"。当时,大多数山场是"山鸡啼树鹿成群,伐木樵人常自惊"。旧志记载:"旌德山广田弊,民众樵楮多,供赋税者靠林也。"

元代时旌德县人口渐增,为求温饱,百姓大量毁林开荒。县尹王祯说:"近闻诸般木材,比之往年,价值贵重。盖因不栽不种,一年少于一年,可为深惜。"王祯身体力行,总结插杉栽竹经验,记于《农书》,教民树艺,环植木棉桑枣,但种少砍多,植不补毁。元至治三年(1323年),颁《大元通制》,开禁准樵,森林遭毁益甚。

元至正十八年(1358年),李文忠部攻旌德,战火毁坏森林严重。洪武二十七年(1394年),官府始令兴林。《明会典》载:"令天下百姓务要多栽桑枣,每一里育苗二亩……每一户初年二百株,次年四百株,三年六百株……违者发云南金齿充军。"但仅限于经济林。

清雍正二年(1724年),"敕各省督抚,各董率有司,实心劝督,以舍旁田畔,以及荒山不可耕种之处,量度土宜,种植树木"。乾隆年间,闽、浙、赣暨池州、安庆等地大批流民来旌德县租山开荒,种植玉米,史称"棚民"。至道光五年(1825年),旌德人口猛增至44.74万,垦荒者"田尽而地,地尽而山",梯田修至海拔800米以上的危巅,林木被毁,水土流失与日俱增。咸丰、同治年间,清兵与太平军在旌德鏖战8年之久,"兵燹所至,无树不伐"(曾国藩语),森林资源被破坏殆尽。兵燹中,县民流徙他乡,人口锐减为不足3万,深山人迹罕至,逐渐郁闭成林,趋于自然恢复阶段。

民国二十三年(1934年),旌德全县有林地10万亩,多系马尾松、栎类、枫香等天然林。全面抗日战争时期,2万多难民集于旌德,樵垦为生,乱砍滥伐林木。"皖南事变"后,国民党军队"围剿"新四军游击队,肆无忌惮地纵火烧山,使多处森林化为灰烬。民国三十五年(1946年)国民党的县政府工作总结称:"旌德往昔森林茂盛。近因人民生活艰难,昧于造林利益,滥伐时有,栽种愈见其少。惟自抗战以来,各地难民麇集,采樵度日,大半森林采伐殆尽。虽连年号令积极强造,然成活寥寥,童山濯濯,良堪叹息!"至1949年,旌德全县森林面积减至5.66万亩,森林蓄积量17万立方米,森林覆盖率仅14%,多分布在德山里、祥云、兴隆、碧云、云乐等偏远山区。

新中国成立初,旌德县委、县政府率领群众植树造林、封山育林,至1957年初见成效。当年底,全县有林地13.9万亩,森林覆盖率28%,比1949年翻了一番。

1958年"大炼钢铁",旌德抽调6000名劳动力上山砍树烧炭,最高日产木炭300吨,消耗木材14709立方米,再加上采伐队的滥伐,采伐量超出常年数倍。20世纪60年代初,群众为挖蕨采葛,放火烧山65.2万亩,毁林9.46万亩。1963年,全县有林地降至历史最低点,仅3.06万亩,林木蓄积量5.5万立方米。"文化大革命"时期,乱砍滥伐成风,使刚成材的林木再遭破坏。在这严重乱砍滥伐的同时,国营林场却默默创业,取得了可喜成效。

默默创业的蔡家桥林场

1958 年至 1959 年,旌德县先后创办了三个国营林场——蔡家桥林场、庙首林场、南关林场。

国营林场的创建,标志着旌德县有了一支专业造林队伍。

蔡家桥是旌德县一个以桥命名的镇。流经旌德县城的徽水河自南而北进入蔡家桥境内,河水湍急,河底怪石嶙峋。徽水河在蔡家桥又汇入了大溪河,气势上又增了三分。加上高耸的牛山以及巍峨对峙的石壁山,徽水河的清秀景观中多了点雄奇的成分。清代诗人吕光亨写有这样的诗句:

壁立高千仞,嵯峨竟倚空。

两岸相对出,一水自中通。

车马敧危磴,波涛斗巨欲。

当关安虎旅,气势若为雄。

蔡家桥是泾县、旌德、太平(今黄山区)三县必经之地,说是"一关"非常地贴切。

蔡家桥镇上跨徽水河有座古桥,五孔,长88.8米,重建于清雍正元年(1723年),名"福成桥",俗名"蔡家桥",俗名大过了正名。

今天的蔡家桥是旌德县蔡家桥镇所在地,是以老鸭汤、香肠、火腿闻名远近的美食小镇。国道205、330穿镇而过,"皖南川藏线"的南入口由此进入。时间倒回到六七十年前,蔡家桥却是个人烟稀少、满目荒凉的地方。

1958年3月8日,蔡家桥头一爿周记小店和几间茅草小屋,成了蔡家桥林场的办公点。

蔡家桥林场山场地域跨蔡家桥、三溪、孙村、华坦、俞村、乔亭、云乐、旌阳8个乡镇28个行政村,总面积79490亩。

一架旧板车拉来5个拓荒者的全部行装。他们是建场负责人张孝堂,行政干部钱长友,技术员田超、赵蕴和工人徐开德。他们中年龄大点的30刚出头,小的20来岁。

蔡家桥小队队长许龙福热情接待了他们。田超夫妇被安排在队长家里住,其余3人都在桥头队屋安身。当时条件十分艰苦,一无住房,二缺工人,三无经验,四缺资金,全部家当就是4把锄头2把锹,外加省林调队设计的一张蓝图,真正叫"一张白纸,好画最新最美的图画"。

凭着一颗颗年轻火热的心,凭着理想和信念,他们踏上了创业的征途,边筹建边生产。

清明,正当育苗时节。场里从朱旺村、蔡家桥村请来了40多名种田"老把式",犁田耙地,平床作畦,育下杉、松树苗40多亩。当1958年罕见的夹秋旱袭来,抗旱保苗成了当务之急。于是,他们买来2架水车在徽水河里日夜吱吱呀呀地抽水救苗,白天顶骄阳,晚上点马灯,咬紧牙关干了30多天,个个瘦脱了形,徐开德还由此得了肝炎。

秋末拔山整地,林场陆续招收20多名民工,又接收了兴隆永安醋石厂浙江工人陈木根等6人,加上巧遇旌德县公安局在朱庆公社搞全县性"政审",把400多人集中在石亭下山上轮流提审、挖山。这一年秋冬完成"环山水平带状"整地600多亩。

1959年春,林场发起春季造林运动,3000多人上山,书记程连生站在桥北发苗,规定每人植树1000株。只见从孙村乡大岭头到旌阳镇新桥头,沿公路两边,红旗招展,人声鼎沸。华坦农校全体师生也赶来助战。一连几天,完成造林近万亩。苗木不足,群众只好就近到松树山上挖野生树苗栽,秋后检查,成活率仅30%。

1960 年至 1961 年,林场相继以专业队的形式造了 9000 多亩幼林,造林质量大有提高。但由于挖蕨的农民漫山遍野,加之旌德种田有每年烧一次田埂的习惯,山林火灾此起彼伏,使本来成活率就不高的幼林残存无几。当时有民谣这样说:

一山栽树两山空,劳民伤财白费功。上半年青,下半年黄,入冬一把火,烧个光打光。一年栽一趟,年年栽原垱,再过一二年,还是老模样。

这一年,安徽省林业厅分配 30 多名学生到林场,由林场技干任教师,边学习边劳动。其中不少学生因年龄偏小,思乡心切,不辞而别,坚持下来的仅曹宜海、黄太保几个人。

1962 年秋,为充实队伍,从泾县晏公煤矿调来 30 多名矿工。矿工们兴致勃勃携家带口来到林场,实指望找到一处安身度日之地,殊不知林场比煤矿还要苦。渐渐地,这班人大都离开了林场,只有王根清、徐光信、王逢年少数几户勉强留了下来。

当年林场还从歙县请来一批季节工。"离乡、背井、谋生、拔山、整地、造林、节衣、缩食、勤奋、(瑞雪纷纷时)结账、返里、省亲",这是林场当年歙县工人生活的真实提炼。

创业路上充满了酸甜苦辣。

1962年,蔡家桥林场在绿化了近山低山之后,开始向远山深山进军。继张孝堂、徐英之后,第三任场长刘华生身先士卒,奖罚分明,要求干部与工人同吃同住同劳动。刘华生自己每天五更起床,头戴草帽,足蹬草鞋,腰挎柴刀,肩扛挖锄,带领张正远、陈木根一行40余人上山造林。梁昌陆、戴光霞是"火头将军",一路步行5千米,向五亩田、祥云庵进发,每天干活八九个小时,中午从不休息,晚上收工回场已是油灯初上。就这样每天拼着命干,男工工资每天1元左右,女工每天0.7—0.8元。最苦的要算浙江的陈木根、杨永娇一班人和歙县季节性工人王正祥、方松柏几个班组。他们常年住在大山沟"观音合掌"式的茅草棚里,大清早出工,摸黑收工,饿了吃苞芦(玉米)馃,渴了喝毛竹筒里的溪水,一天干十几个小时。农民种田是日图三餐,夜图一宿,还是在平地作业,而林场工人则风餐露宿,常年在坡度15°—45°的大山上挖山。挖出来的树桩,堆积如山。究竟挖了多少树桩,又挖坏多少把锄头,他们自己都说不清楚。有这样一首打油诗记录了当时的情景:

一年一年复一年,脸朝黄土背朝天。
谁见山棚银锄碎,只见荒山换新颜。

在那个年代,林场创业者没有怨言,没有后悔,也不参与分成,应该说非常平凡伟大了,然而他们的社会地位、待遇却很低,比如,农林四场的工人调入其他单位,工龄从调入之日算起;县里的干部犯了错误,常被送到林场劳动改造;林场的姑娘总想嫁到城里,林场再帅的小伙子也难找到老婆,相当一段时间"只见林场女出嫁,不见林场迎新娘"。

1963年,林场创业进入新阶段,建立健全了制度,实施科学管理、按件记工、多劳多得"五包、六定"责任制。根据路途远近、山场难易、树桩稀密,采取包山场、包整地、包造林、包管理、包费用,定人员、定时间、定任务、定产量、定山场、定规格等管理办法。这一改革

蔡家桥林场场区(江建兴 摄)

举措,既提高了效率,又增加了职工收入。安徽省林业科技报为此刊登了《国营蔡家桥林场是怎样按件记工的》一文,在全省进行推广。

人生易老天难老,草木无意人有情。当年投身林场创业的年轻人,如今健在的已为数不多。王根清、徐开德、樊国英、王逢年等人长眠在林场杨家山下。那个年代林场人的子孙后代中,有不少人的名字中都带"林"字:秀林、松林、海林、柏林、桂林、竹林、玉林、福林、道林、林峰等等。一个"林"字,烙下了创业者深深的印记,寄托了林场人的无限情思。

蔡家桥林场在多年的生产实践中,侧重于适地适树、良种壮苗、细致整地、适时抚育、合理施肥、科学管理六大措施的研究,摸索、积累、引进、推广了一套完整的树木栽培技术,从选种、催芽到主伐更新都采用了科学的方法,开展了诸如杉木全光育苗浸种催芽实验、热带树种(大叶桉、小叶桉、木麻黄等)的引进、马尾松飞播、湿地松火炬松的栽培、石塔山客土造林、破带改造小老树、二代杉木更新、营养钵造林、建立良种母树林种子园、白僵菌高孢粉马尾松松毛虫防治等科技项目的实验,收到了良好效果。

1965年,蔡家桥林场被评为省农业先进集体。

1967年,林场改环山水平带状整地,改造"病、低、老"杉木林1.5万多亩,保持了水土,涵养了水源,提高了杉木产量,对照样区数据,每亩提高木材产量 2.4 立方米。在优化林种结构方面,营造枫香、木荷林等 1637 亩,加大了阔叶林、经济林的比重。在"五·八"绿化中,蔡家桥林场营造丰产林 1.7 万亩,完成幼林抚育 8.6 万亩,经上级验收全部合格,达到灭荒绿化标准。

从此,压在林场头上万亩荒山大户的帽子摘掉了,林场多次受到省、地表彰。

造林有方的庙首林场

庙首林场,坐落在旌德西乡名镇——庙首镇。

"庙首"是旌德吕姓聚居地。其得名是因吕姓迁入时,房子建在唐代忠烈庙的阳面,即南面。班固《汉书·天文志》注:"首,阳也。"

庙首林场成立于 1959 年 12 月,经营面积 39368 亩。刚从部队复员回来的喻有根任第一任场长,他带着 7 名同伴成了林场的拓荒人。

建场初期,林场没有场房,大家在东山村居住,条件十分艰苦。工人们早晨天不亮就自带干粮,肩扛锄头,腰插镰刀,翻山越岭,步行十多里路上山劳动。夏天头顶烈日,汗流浃背。有时,忽然电闪雷鸣,风雨交加,找不到避雨的地方,全身淋透;忽而雨过天晴,大家继续劳动。秋去冬来,工人们顶风踏雪,挖山不止,干劲十足,稍歇

旌德县庙首林场场部（旌德县林业局　供图）

下来,寒冷依旧。中餐只啃食自带的冰冷饭菜或馒头。就这样日复一日,年复一年,许多同志都患上了林业职业病——胃病。

为了把精力全部用在生产上,场领导以身作则,职工自家不种菜、不养鸡、不养猪、不起伙,吃集体食堂,食堂里经常只是一碗土豆、黄豆或大白菜,改善伙食只有等逢年过节。

这种艰苦的劳动,即使在各种"运动"中也不曾停止。在技术薄弱、资金十分困难的条件下,全场职工上下团结一心,克服重重困难,硬是"咬定青山不放松",让一座座荒山披上绿装。

林场从 1960 年上半年开始采集、调运良种,培育壮苗,下半年在磨刀石山场、劈炼山场,当年完成整地 150 亩。1961 年春天,庙首林场首次开始荒山造林,在喻有根的带领下,造林、抚育等各项工序都精耕细作,管理及时。秋后验收,平均造林成活率达 98%,幼林平均高 50 厘米,新梢 25 厘米。首战告捷,士气倍增。1962 年,林场在国家调整国民经济方针的指导下,彻底纠正"五风"在林业战线上的危害,并从中总结经验教训。场领导为追求造林质量,讲求造林效益,跟班劳动,形成制度,采取干部包工区,职工跟班组,包任务、定时间、保质量的方法,取得良好的造林效果。随着时间的推移、营林经验的积累,造林成活率、林地保存率一年好于一年。1966 年,庙首林场造林成活率均在 95.9%,创出旌德县人工林成活率最高标准。以后,林场造林规模逐年加大,直至 1992 年春完成全部荒山造林任务,其间从未间断过。

1971 年 10 月 26 日,旌德县委在庙首林场召开有各公社、大队、林业专业队、各国营林场负责人参加的全县林业工作会议,首先参观庙首林场马家溪工区,大片整齐的杉木林林相非常壮观,给与会者留下了深刻印象。会上,庙首林场介绍了育林先育人的实践经验和育苗、造林的基本技术要点。在以后旌德县大办社队林场过程中,庙首林场为帮助周边社队营造好杉木林,采取了三项举措:一是辅导育苗技术,帮助社队林场育苗获得成功;二是传授杉木造林技术;三是对缺山、少山的社队,按照国家政策,划出山场 2.4 万亩,山权仍归国家,林权归造林者,实行"山一劳九"比例分成。1974 年,庙首林场荣获"省林业先进单位"称号。

20 世纪 70 年代末,庙首林场为加速荒山绿化,利用杉木间伐增值的资金,扩大造林任务,加快了荒山绿化,增加了林场经济效益。到 1984 年,庙首林场有林地达 21322 亩,其中杉木 18625 亩,活立木总蓄积量为 83866 立方米,年总生长率 14.6%,每亩林地成本 56.28 元,每立方米成本 19.67 元。1984 年,林场总产值 53 万元,人均产值 9815 元。1985 年,庙首林场承担部、省、县三级联营投资杉木丰产林商品材基地造林任务 9000 亩,到 1989 年 6000 亩丰产林任务全部完成。20 世纪 80 年代中期以后,林场大面积森林相继进入采伐期,截至 1995 年,累计为国家提供商品材 3.8 万立方米,毛竹 10 万根,上缴税金 400 余万元,多次被省、地、县授予"综合效益先进单位""文明单位"称号。

1990 年 4 月 11 日下午 3 时左右,时任国家林业部部长高德占在安徽省林业厅厅长吴天栋、宣城行署常务副专员倪茂发、旌德县委书记汪和睦等陪同下,冒雨驱车至马家溪工区视察。当他下车看到马家溪云雾缭绕的山峰一片翠绿,路边的山溪潺潺流水清澈见底的情景时,感慨地对身边的同志说:"真是山清水秀! 在海拔这样高的山上造林,林子长得这么好,真不简单呀! 精神可贵。"雨越下越大,在短暂的停留中,高部长还向在场的林业局、林场的同志询问了

庙首林场马家溪工区(旌德县林业局 供图)

多种经营、造林成本、资源管理、职工生活等情况。在场人员一一答复后,他微笑地点点头表示很满意。

育苗起步的南关林场

育苗是荒山造林的基础,没有苗,再好的春天对植树而言都是一种浪费。

1954年,为适应林业建设需要,旌德县人民政府批准在城南南关村瑶田汶划拨不成片的国有机动田80亩,作为苗圃育苗用地。这是新中国成立初期旌德县唯一的林业育苗基地。为便于管理,当年12月县政府下文,要求南关乡政府协助筹建南关苗圃,做好圃地与农民插花田的调换工作。1955年3月,调换工作结束。调整后的苗圃地为长方形梯田,集中连片。

建圃初,县里抽调5名同志参加组建工作,由赵文鲁任苗圃主任。当时圃地一片荒芜。赵文鲁他们到南关乡政府借了一间房子,作为临时住宿场所,先搞生产,后建房,及时与当地联系人力、畜力,抓住季节播种育苗。当年育苗 65 亩,生产以松杉为主的苗木 380 万株,无偿地调拨给全县群众造林。

1958 年育苗任务重,从县采伐队调来 15 名工人,充实育苗队伍。育苗生产的同时,苗圃职工自己动手平整土地,打土墙,盖了100 多平方米的草房。随后又建土窑,烧砖瓦,盖起 80 多平方米的砖瓦房。

20 世纪 50 年代,苗圃生产经费的来源,除本身苗木及农副产品收入外,不足部分由县财政差补。苗圃生产工人除职工外,大都来自当地社队社员和城镇居民,一律采用计件工资制,根据生产数量、质量、工作日时计酬。男工日工资 1.1 元,女工 0.8 元。为改善职工生活,苗圃基地组织工人集体种菜、养猪,生产成果归集体食堂,一日三餐凭饭菜票在食堂就餐。

1956 年 10 月至 1959 年 7 月,苗圃育苗 215 亩次,生产苗木 380万株,有力地支援了旌德县乡村和国营林场的林业生产。

南关苗圃建设 10 年中,建砖瓦房 4 幢 400 平方米,通了电灯,从而结束了点油灯、住草房的历史。

育苗的过程,也是林业科技应用和推广的过程。

1965 年,省林业厅拨款 2000 元给南关林场,建檫木种子储藏窖一个,低温储藏檫木种子。

20 世纪 60 年代,南关林场试验和推广了一种简便的种子快速催芽法——保温瓶发芽法,用以测定松杉种子发芽率,确定播种量。

70年代,南关苗圃试验推广了以使用除草醚药剂为主的化学除草法,除草率稳定在70%左右,使用面积由小到大,由本圃向社队扩展。苗圃在推广应用杉木全光育苗时,因地施策,效果显著,累计推广面积400亩,节省的荫棚费占每亩总投资的40%。

在树种资源方面,南关苗圃多年以松、杉、檫为主,同时引种育苗柏木、水杉、马褂木、广玉兰、湿地松、火炬松、鸡爪槭、雪松、罗汉松、栾木、紫薇、海桐、黄杨类等30余种,育苗树种60多种。

1964—1974年,南关苗圃共育苗550亩次,生产苗木3100余万株,不仅为旌德县大面积荒山造林提供了树苗,还支援了外县造林。

1955—1974年,南关苗圃和南关林场经历了四次体制变更。

1955年2月,南关苗圃建立。

1959年3月22日,国务院第86次会议决定,撤销旌德县,并入绩溪县。同年9月,安徽省林业厅下文撤销旌德县南关苗圃,建立绩溪县南关林场。经省林调队勘察设计,山场经营范围:东至白沙、黄檀岭、华阳寺,西至平子岭、安山、张家山,南与绩溪县接壤,北至三都凤形山、汪家祠堂,总面积5万亩。

1959年下半年,南关林场管理人员和办场经费均落实到位,林场各项工作全面启动。首先,依靠本场工人造林整地。整地方法视树种不同分别采取全垦、环山水平带状和块状3种,其中以推广既能保持水土又省工的环山水平带状整地为主,为来年整地 300 多亩。

办场期间,遇上国民经济出现暂时困难,口粮标准很低,且主粮不多。林场一线工人月工资只有 18 元,住的是临时工棚,吃的是定额饭票,常以山芋、野菜充饥。晚上收工回场,每人还得给食堂带上一担柴。为了改善生活,发展生产,林场大力开展林粮间作、苗豆间作,一地两用,4 年共生产粮食 6 万余斤,油料 1.5 万斤。林场用自产粮食补助出勤工人,从而稳定了工人情绪,调动了造林积极性。建场 4 年,林场共完成荒山造林 1200 多亩,其中保存面积 700 亩,带状整地造林的杉木多数长势不良或荒芜报废。

1961 年 12 月 15 日,国务院第 114 次会议决定,恢复旌德县。南关林场随之更名为旌德县南关林场。

1963 年 1 月,由于南关林场山林纠纷严重,省林业厅下文撤销南关林场,恢复南关苗圃。新造幼林交由蔡家桥林场接管。林场工人通过调动、下放等渠道分流,只保留 7 人转入苗圃生产。

20 世纪 70 年代初期,面对旌德县南部宜林荒山较多这一现实,旌德县委重新提出恢复南关林场的构想,在进一步落实山林权的基础上,向省递交了恢复南关林场的报告。1974 年 11 月,安徽省革命委员会生产指挥组批准重建南关林场,并在通知中指出:"南关林场的经营方针,以营林为主,营造杉、檫用材林,为国家建立用材林基地。"指定 1975 年投入生产,机构设置实行场圃合一。

恢复后的南关林场担负着造林和育苗双重任务。旌德全县以及林场造林由苗圃供应苗木,苗圃经费由林场供给,内部分工各有侧重,场圃相互依存,共同发展。

1972年,徽州地区在太平县召开全区林业工作会议,号召林业生产要大干快上,提出每个社队要办集体林场,并采取相应的鼓励措施。当时,南关、版书4个队办林场集中劳力,在属南关林场的国有荒山上拔山整地造林,由此形成版书、南关片属。南关林场能够造林的山场只有7000亩,且被大队林场分割成大小不等的10片。

1975年,南关林场在收回原移交蔡家桥林场管理的人工林的同时,组织工人和民工在郭家山、庵子里拔山整地造林。当年营造杉木林508亩,秋季成活率95%。此后林场继续雇请民工,由林场职工跟班劳动,传授技术,检查质量。到1983年,共完成造林6500亩。至此,南关、版书片属的7000亩宜林荒山基本绿化。

南关林场在无大面积荒山造林的情况下,为了生存发展,经过调查研究,提出了"扶持贫困山区,开展远征造林,开辟第二林区"的思路。1982年,南关林场与乌岭沟场村联合造林工作启动。

乌岭沟属俞村乡凫阳行政村,有3个村民组,与宁国县(今宁国市)的黄坦毗邻,距县城20千米。从凫阳上乌岭沟要徒步登山7.5千米,中间翻越海拔540米的乌岭头。乌岭沟是旌德县一个较为偏僻的贫困山区。当时由场长成安森带领一班人进驻乌岭沟,就联合造林的优越性进行宣传动员。随后由副场长濮宗才、技干冯仁发前往每个组召开群众会议,疏通村民思想,落实联合造林的山场坐落位置、面积及四至。在县、乡、村的大力支持下,旌德县林业局局长方治孔,俞村乡乡长郑自强,南关林场濮宗才、黄国赵,凫阳行政村村长蒋安平以及乌岭沟3个自然村负责人,于1983年11月的一天汇集乌岭头,通过充分协商,签订了联合造林协议书。

联合造林协议规定,由乌岭沟村民组划出集体山场,南关林场负责造林,经营期60年,分为2个主伐期。前一个主伐期按1∶9分成,即林场9成,集体1成。林场通过3年幼林培育,待到幼林郁闭期按分成比例划出幼林山场归集体管理。后一主伐期按2∶8分成,林场得8成,集体得2成。60年期满由林场与村再进行商定。

1983年建立乌岭沟工区,由技干黄国赵任工区主任,并派得力的技术人员胡永忠负责业务。当年,工区组织大批民工投入营林生产,造林800亩。到1989年成完成联合造林2500亩,加上乌岭沟国营林场造林700亩,共计3200亩,建起南关林场第一片杉木丰产林基地。

1984—1989年,南关林场接收并完成了部、省、县三级联营杉木速生丰产林基地建设任务1600亩,对森林资源增长起了重要作用。为加强森林管护,林场设护林点14处,每处配护林员1人,建护林瞭望楼1座,开护林防火道25千米。

1986 年,省林业厅对林场投资实行以拨改贷政策,林场在经费紧缺的情况下,力求做到幼林抚育不欠账,林业"三防"不放松。

到 1995 年,南关林场有林地面积 9112 亩,森林蓄积量达 44762 立方米,森林覆盖率达 67%。

南关林场建场的头 10 年,每年育苗 40—50 亩。场圃合一时期,除培育本场造林需要的苗木外,主要培育商品苗,供应社会。1977 年,林场建立林木良种母树林 88. 97 亩,主要有银杏、马褂木和杉木等。

随着乡村林场育苗逐步自育自给,南关林场苗圃另辟蹊径,瞄准市场,发挥苗圃地多、女工多、育苗技术力量强的优势,向培育经济林苗、花木苗转化。1983 年,林场新辟花木圃一处,当年育苗 2. 7 亩,1990 年发展到 6 亩。林场先后从宁国宁墩、浙江于潜花木公司等地引进品种 80 个,培育花木苗 9 万余株,满足了本县苗木市场的需求。

1986 年是林场大面积经济林育苗第一年,培育青梅、柿子、红枣皮、银杏、酸枣等 27 亩,聘请浙江师傅做指导,嫁接青梅 10 万株。

1988—1989 年,采取场圃负责实生苗培育,嫁接任务包给职工,工资预付,实行保护价,年终按成活率和苗木长势结算工资。两年共育苗 83. 81 亩,嫁接柿树、板栗树等 13. 6 万株。

1991—1995 年,南关苗圃进一步调整完善生产责任制,每个职工承包 1.5 亩圃地,实行"自费、自产、自销"的管理办法,年均育苗 40 亩,生产板栗树、青梅树、柿树等嫁接苗 60 万株。工人收入一般超正常工资的 30%。每年为场圃节约育苗经费 2 万余元。

2001 年,国家启动"退耕还林"工程,南关林场提出"培育苗木,以苗养林,兴苗兴场"发展思路,利用林场自有土地 80 亩、租赁农田 40 亩,培育枫香、桤木等退耕还林苗木。2002—2005 年,共培育苗木 1250 万余株,满足了全县退耕还林苗木需要。与此同时,林场还建立绿化工程苗圃 120 亩,建立绿化施工队伍,到宣城、黄山等地承揽城市、村庄绿化工程。苗圃育苗及绿化工程收入占林场收入半数以上。

采育结合的森工企业

旌德县森工企业始建于 1956 年,历经"采伐队—木材收购站—森工采购站—森工局"等变革,1986 年改称"旌德县木竹生产供应公司"。

20 世纪 70 年代初,旌德年木材生产任务只有 3000 立方米,最少的年份仅 1000 立方米,是全省 23 个木材产区县中木材产量最少的。森林资源贫乏,木材价格偏低,砍伐、运输成本逐年提高,影响了农户交售木材的积极性,致使森工企业步履维艰。那个年代,森工企业经营方式一直停留在只砍树不造林的老路上,面对日益枯竭的森林资源,显然是没有出路的。旌德森工人通过摆问题、找出路大讨论,正确认识砍伐与营林的对立统一关系,形成了共识,打破陈规,走采育结合的发展之路。在当时分管森工企业的林业局副局长兼木材公司经理程坤元倡议运筹下,选择了祥云杨家圩2250亩灌丛山为采育结合的突破口,打响了森工企业采育结合第一枪。

走采育结合的路是艰辛、曲折的。

杨家圩采育场由板桥森工站站长夏忠久负责,会计、基建、业务骨干全部到位。要栽树,先修路。1972年下半年,金竹圩至杨家圩6千米板车道开通,采育场交通有了保障。为确保采育作业顺利进行,采育场制定了采伐、造林责任制,拟定出《采伐收入保造林支出概算表》,充分利用原有的一些残次杂木,按材取料,用生产的内外材和柴火、木炭来弥补拔山整地、苗木、栽植、抚育、基建等所需费用。采育场采取"以山养山,以采保育,以林还林"的办法,实行分年逐块砍伐,出售的木材和柴、炭收入全部用于更新造林。与此同时,他们在新造幼林地里间种玉米、芝麻、黄豆、花生等农作物,以耕代抚,补充经济收入,使造林费用基本达到收支平衡。

1973年秋季,板桥森工站邹贤明、房福武、汪金珊、王西山、吴文质等进驻3.5千米长的深山峡谷杨家圩。山里不通车、不通电、杂草丛生,工人们住的是"观音棚"(茅草搭盖的工棚),吃的是露天餐,夏天蚊虫叮咬,冬天寒风刺骨。森工人凭着一颗事业心和吃苦耐劳的精神,带领外地民工和职工家属,翻山越岭,披荆斩棘,晴天一身汗,雨天一身泥,年复一年默默奉献着。经过三年努力,1976年,终于完成杨家圩2250亩采伐更新任务。

1984 年,在改善和管护好杨家圩、龙王山、和尚塔、洪川等 4 个养育场的同时,加大资金投入,扩大采育场经营规模,新建白地指南山、云乐泥鳅坞、后村、兴隆榔头等 4 个采育场(点)。至此,8 个采育场(点)共造林 10154 亩。从 1986 年开始,这些采育场(点)进入抚育间伐期,杨家圩、洪川、和尚塔、龙王山、指南山等 5 个采育场进入主伐期。到 1995 年,共采伐木材 10768 立方米,其中,杉、檫内材 5268 立方米,小径材 5500 立方米,总收入 594 万元。

旌德县木材公司兴办采育场,走森工企业采育的路子,先后得到中共安徽省委副书记王光宇,副省长马长炎,省林业厅副厅长王履定、白化昌及徽州地区林业局领导的肯定和赞扬,他们一致认为:采育结合是森工企业发展的必由之路。1984 年 9 月,在旌德县召开的安徽省林业局长暨社队林场代表会议,推广了旌德兴办森工采育场的成功经验。《安徽日报》记者采访后发表述评:"旌德县木竹公司,实行采育结合,改变了以往林业部门造林、森工部门砍树的旧规矩,这不仅由只砍不造,使森林越砍越少,变采育结合,使森林越砍越多……使森工企业有雄厚的后备资源,达到青山常在、永续利用的目的。"

进京汇报

　　旌德县共有山场 84.75 万亩,有林和宜林荒山 77 万多亩,尽管有国营林场造林先行,但造林面积仅占全县森林面积的八分之一左右。20 世纪五六十年代乃至 70 年代初,旌德县每年要从休宁、祁门调进杉木材 300—400 立方米用于基本建设。50 年代末 60 年代初,为了利用山场,解决缺材问题,旌德县从本省无为县(今无为市)和浙江等地两次移民近 3 万人,除继续种好水田,抓住粮食以外,以一定的劳力投入山场经营。当时,从领导到群众普遍存在"重农轻林"的思想,造林不育苗,采取插杉苗、挖野苗的办法。有些地方甚至出现"一山栽树两山光,只见栽树不见林"的现象。直到 60 年代末,旌德林业成就甚微,成为安徽省山区造林后进县。那时淮北平原造林大步前进,出现了造林先进县涡阳县。70 年代初,中共中央政治局委员、中国人民解放军总政治部主任李德生兼任安徽省党、政、军一把手职务。李德生同志关心安徽林业,指定当时分管林业厅的副省长、老红军马长炎同志带着北方的涡阳县和南方的旌德县主要负责同志,去北京向他汇报林业生产工作。

1972年2月上旬,春节之后,严寒已过,大地回春,造林黄金季节即将来临。安徽省副省长马长炎接到李德生主任指示,要在安徽省选林业"先进"和"后进"两个重点县赴北京汇报工作。当时淮北平原造林面积已超皖南山区,在淮北出现了"田成方,路成网,白天看不见村庄,晚上看不到灯光"的绿化先进县——涡阳。旌德县是皖南山区,群山起伏,自然林和新中国成立后营造的林举目可见,但荒山造林速度不快,质量也不高,处于后进行列。马长炎副省长提议,经省领导同意,带涡阳、旌德两县主要负责同志去北京汇报。涡阳县进京汇报的是县委书记刘贤坤。旌德县委主要负责同志在省里学习,县委推荐县委常委、革委会副主任胡竹林去北京。

胡竹林2月9日到合肥,先到马长炎副省长那里报到,马老留胡竹林在他家吃晚饭。吃饭时,马老和胡竹林开玩笑说:"小胡呀,你的名字起得好,叫富(胡)竹林,所以我要选你抓林业,竹子的用途可大呢。在全椒县有个梦(孟)富林,做梦都要抓林业,他在全椒林业抓得不错,所以我也抓住他不放。"胡竹林在合肥住了一晚。2月10日,一行五人乘火车去北京,由副省长马长炎带队。一路上,马长炎副省长再三嘱咐胡竹林,到李主任那里汇报一定要讲实话,一定要实事求是。

11日,胡竹林他们到北京,被安排在新疆宾馆吃住,那里距总政李德生主任办公楼有10余千米。马副省长告诉胡竹林他们,中央领导同志工作很忙,汇报时间安排在晚上。没有汇报之前,胡竹林他们不敢睡觉,在宾馆等候,随叫随到。前后五天,他们汇报两次,共计11个小时。第一次汇报是2月12日晚10点到第二天凌晨2点。中间休息了两天。第二次汇报是2月15日晚12点到第二天早上6点。县里汇报时,李德生主任问得十分仔细。每次汇报到半夜12点,他和基层的同志一起吃点稀饭、烧饼、焖山芋。白天他让办公室派辆专车,送县里的同志去游览北京的名胜古迹,夜间汇报工作。

胡竹林在汇报旌德林业没有搞好时,李德生主任说:"你那里是山区,是富山区而不是穷山区,林业未搞好,粮食还未达'纲要',今年行不行?"

胡竹林汇报去年粮食未上"纲要",是因长期低温阴雨。李主任接话说:"去年低温,今年也有可能低温,你们山区就是(多)低温问题,要科学种田。你们县我去年去过一次。你们县有没有领导分管林业呀?分管归分管,抓归抓,问题是工作扎实不扎实。"

胡竹林汇报旌德县重点是要抓杉木林时,李主任说:"栽松树也可以,要选好品种,有的松树长得慢,七拐八弯不成材,'湿地松'就很好嘛！杉树当然好,回去要抓紧,县领导主要精力要抓林业,搞林业才有出路,才有贡献,利国利民。"

胡竹林汇报到林业管理时,李主任说:"管理是大事,三分栽七分管,涡阳就是管得严嘛！一棵树长几十年,砍起来容易,乱砍滥伐就是破坏。烧柴要烧枝丫、茅柴,对群众要加强教育。涡阳在管理上狠抓三年就大变样了嘛！安徽有纵横的山脉,有森林,有矿产。全省7000万亩山场,同耕地差不多,山要管好,地要种好,矿要开发。安徽的山场条件很好,你要什么它都有,问题是怎么经营它管理它。现在还有许多光秃秃的无用之山,不能提供财富,要靠人工去开发它,它才能给你提供财富。砍树要有个办法,不能把大树砍光,不能把正在长的树砍光,要爱林护林,这都是国家和人民的财富。社会主义建设越来越大,需要木材也就越来越多,而且还要考虑下一代,不能光秃秃地留给后代呀！所以要因山制宜,该封的封,该造的造,该砍的要合理砍伐,这样山就富得快了。"

汇报快结束时,李主任说:"你们山区要向平原学习,要向涡阳学习。你们涡阳也不能自满！后者可以居上嘛！重视抓林业而不放松粮食是对的,民以食为天。"

县里的同志汇报后,马长炎副省长还补充说:"旌德造林是慢了一点,县委已开始重视了,现在叫小胡具体抓,后者能居上嘛！"

李德生主任对旌德林业的指示,旌德县委、县政府进行了认真

74

安徽省旌德县革命委員会文件

草生字 (72) 2 5 号

★

毛 主 席 语 录

路綫是个網，網举目張。

綠化祖国。

全面規劃，加强領导，这就是我們的方針。

转发 "旌德县林业发展规划（草案）" 的通知

各公社（鎭）、生产大队、国营林場、苗圃革委会：

为了进一步貫彻落实毛主席 "綠化祖国" 的偉大指示，加速全县林业上 〈綱要〉，适应战备、社会主义建設和人民生活的需要。遵照毛主席 "农、林、牧三者互相依賴，缺一不可，要把三者放在同等地位" 的教导，我們制定了 "旌德县林业发展规划（草案）"，現轉发給你們，希緊密結合当前傳达貫彻头等大事，以批修整风为綱，組織干部、羣众訊真研究討論，并将討論中的意见，由公社整

－1－

《旌德县林业发展规划（草案）》（局部）

讨论,制订出《旌德林业发展规划（草案）》,在全县党员、干部、群众中进行认真贯彻,反响大、行动快,从县委、政府领导开始,层层带头作表率,当年春季全县造杉木林基地2.7万亩。

雨后春笋般的乡村林场

早在 20 世纪 50 年代末,旌德县旌阳乡的霞溪、俞村乡的仕川、兴隆乡的永安、庙首乡的太伯等地就办起了林场,后因种种原因夭折。

1972 年,徽州地区在太平县民主大队召开林业会议之后,旌德县委为了改变林业后进面貌,认真总结多年来的经验教训,认为建立与发展乡村林场是发展集体林业的一种好模式、好办法,并做出决定,依赖行政命令,提出:"造上一片林,留下一批人,办好一个场。"林场山场、劳力报酬等,当时采取"山场各队(村民组)凑,劳力各队抽,报酬各队摊"的办法。乡村林场刚办时,遇到许多具体问题,比如,一些林场抽不到像样的劳力,一些林场场员报酬不能兑现,等等。由于当时的特定条件,这些问题虽然解决了,但群众思想基础不牢固。旌德办社队林场道路曲折,其中的艰辛我们今天了解不到那么详细,因为许多当事人都埋在为之奋斗的青山中了。但基本事实脉络还在,我们选择两个有代表性的林场进行叙述,陈村林场和里仁林场便是其中的典型。

1972年,兴隆公社陈村大队创办林场,是旌德较早出现的社队林场之一。

陈村,地处旌德县西北边陲,与太平县(今黄山区)新民交界。

办林场前,陈村农民只盼年年风调雨顺、五谷丰登,一心一意扑在田里做文章。除了房前屋后有些竹园果木,大山之上,只有零星小片的自生林和满目芭茅荆棘。当时有几句顺口溜:"年终一把火,兔子无处躲。春天大雨过,泥沙淤满河。"大队干部觉察到,像这样长久下去总不是办法。

1968年,大队试着在山上栽了一块桑树,想走养蚕致富之路,但由于当时栽桑不宜,没有成功。1970年,旌德县林业局干部方治孔和田超到陈村大队,说山场可以发展林业,办林场。大队采纳了他们的建议,发动群众在山上造林100多亩。这次又由于缺少经验、缺树苗、缺技术,加之世世代代只知道种田的农民对造林信心不足,也没能成功。这一年林场虽然没办成,但为今后的建设打下了基础。

时间到了1972年。陈村大队党支部派胡宝霞前往太平参加了地区林业会议。会议之后,全县上下,层层贯彻,旌德县委号召全县动员、全民动手,大办林业。陈村大队党支部经过周密研究,制订了规章制度,抽调了 10 多个有造林热情、肯吃苦耐劳的社员,由胡宝霞担任场长,在龙王山上正式办起了兴隆公社陈村大队林场。

长年累月在龙王山上挖山栽树护林,与在平地种田挖地干农活相比要苦得多。

建场之初,林场在杨屋山建了 3 间土墙草房,20 来人挤着过。后来又在旌德县和太平交界的黄华岭盖了 5 间土墙瓦房,长期住着 30 多人,居住条件算是有所改善。林场吃菜困难,就在山上种;吃肉难买,就在场里养猪。经费不足,靠林粮、林油间作,每年收玉米 2 万—3 万斤,变换成钱,保持收支平衡。林场工人工资为每个工 1.2 元。

场长胡宝霞从 1972 年建场上山,一直到 1995 年得病下山,整整在林场干了 23 年。23 年中,除了生病不能坚持外,胡宝霞都亲自带班劳动,披荆斩棘,日晒雨淋,顶风冒雪,无怨无悔。这样的事迹怎能不令人感动!

1975 年,大队党支部书记胡德炘调到兴隆乡工作,支部书记由当时年仅 22 岁的郑胜杰担任。郑胜杰年轻实干,既有长远眼光又有开拓精神。党支部一班人决心大,认准的路子一直向前走。在大队党支部、大队的带领下,群众造林积极性一年比一年高。每年冬季集中劳力上山,保证整地质量,林场自采种、自育苗、自栽树,加上山场立地条件好,建场以后的几年,每年都以250—300亩的速度发展。

里仁大队是庙首公社一个偏僻的大队。20世纪70年代,里仁大队1.4万亩山场,大多是荒山。里仁默认这一苛酷环境存在的时候,生活被一个硕大的"穷"字笼罩着。人均年收入就70元,再精明的主妇也安排不周全衣食住行。但里仁大队任何人骨子里都不认穷,只要有一丝一毫变富的希望,就都不会放过这样的机会。

里仁的思变点不容选择地落在山坡上。荒山秃岭上万亩,人均6亩,要是造林种果,穷根子就生不长。党支部一班人跑遍山山岭岭,主意打在山山岭岭上。他们得出里仁的潜力在山、优势在山、希望在山的结论,订下"30年内绿化万亩荒山"规划的时候,日历上的年份是1964。

正确的决策对一地一方而言,是找到了一条强身健体的路。它的背后除了支付胆识,还得支付智慧。找准了路,跋涉者跋涉的历史便可以开篇撰写。

1964年冬,里仁大队官山坞3000亩灌丛山首先确定封禁。立章约法,如林般的手举得挺直。"任何人不准私自进入禁山砍伐林木。违者每株罚款10元,并没收赃物,屡教不改或情节严重的送司法机关处理。干部违章加倍处罚。"制度的约束其实质便是促进人的自我约束。今天,我们走进官山坞,满目苍翠,鸟儿自在地鸣叫嬉戏,绕着山间小道走上一段,除了山风树语,还是山风树语。

把时间再拉回去。1972 年,徽州地区林业会议在太平县召开,里仁大队党支部书记章时和与支委们听了会议精神传达,深深感到治山造林,光封山还不够,必须走"以造为主,封造结合"的道路。里仁毅然迈出绿化的又一条腿——办大队林场。里仁的山是幸运的,它的幸运至此又进了一层。20 世纪 50 年代当过大队党支部书记的老党员江天根出任林场场长,并兼造林专业队队长。支委们身先士卒,各小队选派强劳动力参加造林专业队,安营扎寨五里塘。餐风露宿的同时,里仁绿化史上写下了闪光的一笔:当年造林 180 亩。别小看这 180 亩,这是创业者的处女作。它产生的鼓舞作用是巨大的,谁也不会轻易忘记。

没有磕磕碰碰的创业算不上创业,不经历挫折的创业者不算是真正的创业者。正当林场办得红火的时候,"以粮为纲"之风冲击着里仁。不少地方林场项目纷纷落马,里仁也怨声四起:"饭都吃不饱,谁有劲上山?"个别支委也想打退堂鼓。支委们坐下来各抒己见,有争论有争锋,争论的过程使认识更明,思想更为统一,信心更为坚定。"治山造林没有错,不管千难万难,认准的路就要走到底。"顶住了歪风,里仁的山才得以逃脱一次厄运。

创业过程中任何时刻都不可以丢掉两件东西:一是胆,二是识。1983 年,林业实行"三定",根据政策,里仁划给群众 5000 亩自留山。

幼苗不曾栽上一棵事小,严重的是,因为对政策的片面理解导致短期行为的发生,1000 立方米的木材被滥砍下山。里仁的干部心急如焚,他们分头向群众解释党的农村经济政策,宣传"要想里仁富,上山去栽树"的思想,支部明确表示为造林者提供各种服务,大力支持自然村联办、群众户办林场。里仁的行动是超前的,担当着风险,但事实证明里仁的实践方向是正确的,逐步完善的林业政策吻合了里仁的思路。没有一点胆识,没有创业的精神,里仁回避不了那种被动局面,自留山放任自流的现象铲除了。支委刘荣华发动 6 个村民小组,创办永丰村林场,并担任场长,共计造林 1500 亩;党员姚根木,发动 24 户,创办姚家联户林场,造林 215 亩。从 1984 年到 1989 年,全村先后办起 4 个自然村林场,1 个联户林场,共计造林 3300 亩。

里仁村比原计划提前 4 年实现了绿化梦,共有林地面积 11069 亩,其中人工林 6478 亩,封山育林 4591 亩,活立木蓄积 88560 立方米,价值 3540 万元,人均 1.9 万元。

里仁村借助集体经济之风,渐渐展开生产生活之翼。里仁村投资 5.4 万元,兴建南塘电灌站,使 800 亩农田旱涝保收;投资 3.4 万元,修建 6 所护林房,开辟了一条 2.5 千米的防火道;投资 1.4 万元,创办一家木材加工厂;投资 8000 元,为农户购买桃、李、板栗、青梅等水果苗木,支持村民发展水果生产;投资 3.5 万元,建成 6 座石拱桥、5 条通往自然村的简易公路;投资 4.1 万元,架设 5 千米高压线路,建设两幢标准化电房,解决全村照明和生产用电;投资 12.4 万元,建造一座拥有 800 个座位的电影院;投资 2 万元,修建村里 3 所小学和全县农村第一所村办幼儿园;先后 4 次返利农户 15 万元,帮助群众发展生产,解决生活困难。

1991 年 7 月,里仁村党支部被评为安徽省优秀基层党组织。宣城地委授予其"红旗支部"称号。

20 世纪 90 年代初,青山就成了里仁人的绿色银行。

1980 年农业生产实行包产到户,1981 年林业开始"三定",旌德乡村集体林场面临落实山林权属、群众要求林场"打锅分铁"的矛盾。

如何对待这些问题,乡村林场究竟是上还是下、是拆还是保,众说纷纭,莫衷一是。当时的中共旌德县委常委会经过认真地讨论研究,得出的结论是:"乡村林场是广大群众多年苦心经营的成果,是集体的财富,只能保不能拆,只能上不能下。"并做出决定:"拆并林场一律要报县委批准,擅自拆并林场的,要追究领导责任。"与此同时,旌德县委、县政府在 1982 年 9 月还专门召开了"压山还林,办好乡村林场"的三级干部会,依照林业有关政策,对乡村林场的山林权属、林场责任制等问题做了一些具体的政策性规定:

一、林场的山林权属问题。乡村在国营荒山办林场的，山权归国家，林权归集体（用材林到采伐、经济林到老死），收入实行"一九""二八"分成；大队（行政村）在集体山场和生产队（村民组）联办林场，山权归原属，林权归林场，收入按"一（山权）、二（积累）、七（分配）"比例分成。如有插花山，则本着同等、互利、协商、自愿的原则进行调换，以保持林场山场的完整性。生产队（村民组）划进林场的小片有林山，林场给予评价入账，待今后有收益时再一次性付清。联户和大户办林场，如是承包国营或集体山场，山权仍归原属，主伐前林权归承包户，收入按"一九""二八"分成，主伐后山场和次生幼林退还原属。如是联合自留山办场，分户投资，共同经营，山权归原户，允许继承，收益全部归个人所有。

二、林场责任制问题。为了适应农业承包到户的新形势，解决林场的劳动力问题，采取因场制宜之策，普遍推行了多种形式的林业生产责任制。开始，普遍推行两级承包责任制，即乡村对林场、林场对场员承包。乡村对林场的承包，一般一年一次，实行定人员、定任务、定质量、定工、定时，超额奖励，减额赔偿的"五定一奖赔"模式。林场对场员大多是三年一承包，整地造林和抚育，每亩25—30元，分年付给，一般前两年只预付生活费，第三年检查验收后，如果各项指标均达规格质量要求，就结账付清，达不到的酌情扣除。另外，三年的间种作物一律归承包者所有。有的林场对场员实行小段包工制,逐段记工,平时预支,年终分配。后来,多数林场从实践中总结经验,又逐步实行了分段承包责任制,即按林业生产的不同工序,包括砍山、全垦、倒地、栽树、管理、成林抚育等,分别定任务、定时间、定质量、定报酬,分段包给群众,以解决林场劳动力问题,要求做到:砍山不留高桩,整地不留空当。幼林管理,按幼林长势优劣,切块分类,一类苗4元每亩,二类苗6元每亩。同时做到头遍抚育不过6月,二遍抚育不过9月。林地无杂草,苗木无多头,间作不伤苗,间作作物一律归场。成林管理按树种分类、路途远近、管理难易定报酬,奖罚分明,承包给场员。

由于实行了责任制,有效地解决了林场劳力问题。全县乡村林场1980年前102个,场员2148人;后来林场减少到92个,场员643人;1983年又回升到林场133个,场员2300多人。

旌德县委、县政府对乡村林场的大政方针一定,林场局势稳定下来了,却面临发展生产的资金问题。林业主管部门征得县领导同意,从1982年起,采取了"以小钱换大钱"的做法,积极扶持乡村林场发展林业生产。其做法如下:

统一支付贷款利息。资金不足的林场,按确定的造林计划,落实山场地块,与所在地林业站签订贷款合同,造一亩林贷款15元,30亩为起点,三年一定,分年贷款。如能按质完成各项任务,每年整地前和秋后检查验收合格,各付当年的50%。如无故不能完成各项任务,追回贷款,同时不给造林补助费。贷款利息统一由林业局从育林基金中分年支付给银行。

从优给造林补助。按省颁标准,荒芜幼林垦复补助费,乡村林场的补助由一般每亩3元提高到6元;基地造林补助费由一般每亩补助12元提高到17元,按8元、4元、5元,分三年付款。

优惠支援乡村林场良种壮苗,优先解决林场盖房木材和定额资金补助问题。同时,林业部门广大技术人员常年深入林场,与他们同吃、同住、同劳动,开展科技兴林指导活动。

乡村林场能否巩固发展,能否取得成效,取决于领导是否重视,取决于能否推选出一个好的带头人。20世纪70年代,旌德大办乡村林场时,林场场长都是经过党支部推荐、党委批准的,绝大多数是热爱林业、事业心很强、作风正派、劳动积极、有一定组织能力的同志,有半数以上还是土改、合作社时期的基层老干部,像仕川的程开贵(全国林业劳模)、里仁的江天根、陈村的胡宝霞、光荣的徐永生、坎上的周其贵、云乐的周本信、洋川的谭维水、高甲的倪素珍(全国三八红旗手)、三节的傅海文、白地的陈四标、洪川的王士平、大川的潘四根、庙首的王鸠生、太伯的程世贵、东山的张世根、八三林场的余春水、孙村的张根发、玉溪的汪新佑、新建的程连才、东固的杨忠南、留村的曾金培、永安的乐三毛、三溪的潘大友、古城的韩宣霖、朱旺的王万平、凡村的汪万和、华川的胡子来、凫山的王志干、篁嘉的刘文财、凫秀的赵灶生、赵川的程安喜（书记兼场长）、杨墅的方世珍、芳川的吴金水、俞村的傅本德、上口的孙克荣、凫阳的蒋安平、桥埠的王大龙、沙胜的龚德清、南关的李会根等。他们肩负着绿化荒山、造福后代的历史使命，十多年如一日，以场为家，艰苦创业，特别是建场初期，条件极差，他们只能住山棚、喝溪水。他们没有怨言，也没有什么豪言壮语，更没有什么个人索取，只是一股劲地带领场员和群众，以愚公移山的精神，冬冒严寒，夏顶烈日，披荆斩棘，挖山不止，年复一年，为绿色事业无私奉献。可以说，林场的每一块土地上都留有他们的足迹，每一片林木上都洒有他们的汗水。

尤其要提到的是，在旌德县乡村林场发展过程中，村党支部和村委干部们更是呕心沥血，一心扑在林场里，排忧解难，发挥了战斗堡垒作用。像里仁的章时和（全国林业劳模）、陈村的胡德炘、光荣的方金保、坎上的徐兴炉、洋川的程振兴、高甲的胡金华、三节的江树清、白地的王冬至、洪川的芮永富、大川的黄小苟、庙首的吕美玉、太伯的吕美阳、东山的胡昌如、孙村的曾冬生、玉溪的张立炳、新建的沈水保、东固的丁木生、晓岭的章金水、石井的方荣祥、留村的王继和、永安的汤家炉、三溪的田际龙、古城的胡孝顺、朱旺的余海山、凡村的黄本荣、华川的何光明、凫山的王炳福、篁嘉的吕绍安、凫秀的梅林汉、杨墅的杨太平、芳川的王灶友、俞村的俞祥木、上口的傅友生、凫阳的蒋正明、桥埠的程灶根、沙胜的汪银田、南关的宋俊民等。

随着时间的推移,当年身强力壮的同志,到我们采访的时候大都年逾古稀,还有许多人已在青山中长眠了。当我们写到旌德林业发展历程时,不能不提到他们的名字,不能不勾起人们对乡村林场创业者的崇敬和思念。

旌德县乡村林场建设20年,共新造成林17.66万亩,其中70年代杉木基地造林成林8万多亩,80年代中期到90年代初,营造以杉木为主体的速生丰产林9.66万亩。1993年,二类森林资源清查结果显示,立木蓄积量达119万立方米,约占全县立木总蓄积量的49%。那个时候,70年代的杉木林已进入主伐期,80年代中期到90年代初营造的杉木丰产林已开始抚育间伐,每年可生产杉木商品材1万多立方米。乡村林场的收入约占农村集体经济总收入的61%,成为名副其实的"绿色银行"。

乡村集体林场的建立、巩固和发展,为旌德林业的起步与振兴创立了不朽的业绩,矗立起一座绿色丰碑。

银鹰播绿　旌德首试

1968 年、1969 年、1980 年、1982 年四个年度里,旌德县按照省林业厅的部署,在牛山、洋山、大会山、大坞尖、龙头山、赤坑尖、玉屏山、鸦鹊山、华云山、塘山头等 10 地,开展了科研与生产性的飞机播种造林试验。造林分布地域涉及南关、旌阳、朱庆、孙村、白地、乔亭、云乐、三溪、双河、俞村等 10 个公社的 31 个生产大队。

旌德县林业局退休高级工程师苏晓钟给我们描述了当年的情景:

20 世纪 60 年代中期,安徽省林业主管部门决定于 1968 年引进飞机播种造林新技术。旌德和休宁两县因具备较好条件,入选为全省飞播造林首航试验地。其时,安排休宁县为丘陵地貌类型试点,旌德县为难度较高的中低山地貌类型试点。

旌德县首航试验地是旌德县城西部 4.5 千米的牛山东坡,海拔400—800 米,主峰 1031 米,规划山场面积 0.6 万亩,跨南关、旌阳、朱庆、孙村 4 个公社。山场飞播前系火烧迹地,飞播树种为马尾松。

早春二月,乍暖还寒,山间积雪未尽。承担飞播任务的民航部门,派飞行员曾其根同志来旌德县考察现场。山区突发性气流旋涡较多,既威胁飞行安全,又影响播种质量,直接关系到飞播成功与否。时任旌德县林业局局长的张福禄不顾身患高血压和心脏病,毅然亲自陪同。次日黎明,两人结伴从县城出发,沿途经江坑、清正两村进山,在龙川和石井两村的崇山峻岭间迂回上顶峰,再顺岗直下新庄村步行回来。往返行程虽不足 30 千米,但山路崎岖,绕道攀爬,又因详细观察,仔细记录,故费时较长,待两人回城时已是万家灯火。一天的劳累,为飞播安全和任务完成提供了可靠的技术参数。

3月上旬,按计划组织培训航标的信号队和接种组,因持续降雨,延迟至中旬才付诸实践。信号队成员,选聘 19 位身强力壮的当地贫下中农子弟,每人携信号旗一面,旗杆 4 米左右,旗幅 1 米见方。首尾 2 幅旗面由红白布沿对角线相拼而成,为正副领旗,是作业时播种器粉门开放和关闭的信号。中间 10 幅旗面均为白色,与领旗列队,为飞行标明航线。据此,要求信号员在作业时自始至终保持一字长蛇阵式。起初,队员沿等高线排列在主脊或其附近,间隔距离50—200 米不等,以作业全过程相邻互见为度。待假设飞机沿信号队列越过播种一趟后,领旗便发出旗语,沿预定的支山脊走向水平下移50米,相邻信号员便跟着陆续下移。为防止临场慌乱,站错位置,影响作业质量,指令做好标记后,再排列长蛇阵式。依此类推,直至山脚。

飞播接种训练比较简单。接种组共设2—3人,每组2人,随信号队行动。飞播时,2人相对而立,牵住1米见方的布单的边角,将布单绷紧,保持水平,统计落籽数量,然后由随行的报话员(正式作业时,由流动电台控制)通知飞行员,以校正航高和播种器粉门开度,使播幅和播种密度更趋合理。这样,前后2天,模拟演习3次,基本上符合实用操作要求。

3月23日,负责机场和对空联系的现场指挥电台的3名通信员进驻旌德。旌德县人武部派参谋王必义、县公安局派治安队队长张治平负责电台安全保卫工作。经勘查,固定电台架设在龙川大队征山生产队后的山排上。此处背风向阳,地势平缓,视野开阔,近有沟壑,流水淙淙,饮水解渴,唾手可得。飞播前夕,安装、调试、通话就绪。至此,万事俱备,只等“机”来。

3月25日,是计划飞播的日子。清晨,旭日东升,晴空万里。上午8时30分,地面工作人员按部就班,全数到位。牛山岗脊,信号旗迎风招展,一字排列,蔚为壮观。附近村民被这一新奇事吸引,站在村旁、路边,翘首眺望,欲一睹为快。邻县派来观摩学习的林业工程技术人员,也纷纷到达现场。盛况空前,不是节日,胜似节日!此时此际,大家左顾右盼,却久久不见飞机踪影。时近10点,人们的焦急情绪在滋生,偶尔还能听到戏谑式的只言片语,唯有电台附近的人,早悉机场上空云雾缭绕,影响飞行员视线,不宜立即起飞的信息,因此泰然自若,谈笑风生。

当天早晨的屯溪机场,恬静而有活力。受命进驻屯溪机场,专为飞播服务的旌德县林业局技术员鲍国雅同志,鉴于当时条件有限(机场尚未配备短途货运工具车),单枪匹马,把一袋又一袋种子从库房驮运装进飞机。每袋种子50千克,库房与飞机相距200米,架次容量18袋,其负荷之重,可想而知。

机场上空云散雾开之际,屯溪机场与旌德现场通话共同认可,发出了启航指令。顷刻,飞机在旌德上空出现。信号队领旗按约定熏烟引航,点燃掺有柴油的草堆,顿时滚滚浓烟冉冉上升。稍后,飞行员报话:"发现目标。"话音刚落,飞机已在牛山上空盘旋,并不断下降飞行高度,当航高进入80—200米的瞬间,掠过信号队列,撒下种子。这时山间一片沸腾,人们终于一饱眼福。机场、现场和机舱内的电台同时热闹起来:问话、答话、报数据、说气象……简明扼要,果断有力,宛如影视片中的空战镜头。完成一趟播种后,飞机青云直上,钻进云层绕一个半径5千米的弧形圈,以单向作业方式,循环作业。1小时左右,种子播完,第一架次结束,返航装种进行第二架次作业。开始一切正常,种子播到三分之二时,正值午后气温升高,山峰近处的垂直气流变速加剧,机身强烈颠簸,飞行员要求返航。批准返航不久,飞机又装满种子进入阵地,实施第三架次作业。其间,播种区靠近山脚,飞行高度降至山脊以上,现场固定电台周围的人们,平视便可在飞机过境作业时看到驾驶员清晰的面孔,他似乎露出胜利在望的微笑,向人们频频致意。时至下午3点30分,播种完毕,大功告成。统计数字:牛山播区飞行3架次,作业2小时50分,播种2400千克,面积5000亩,总投资2.2万元。

1968年、1969年、1980年、1982年,省林业局先后4次在旌德县进行集中连片荒山飞机播种造林,共计飞行33架次,作业56小时20分,播种马尾松、黄山松、漆树种子2.45万千克,投资25.8万元,飞播面积10.2万亩,约占全县山场总面积的八分之一。从此,旌德大规模荒山不复存在,飞播造林无疑在旌德造林史上写下精彩篇章。

"三定"定绿

林业"三定",即稳定山林权,划定自留山,确定林业生产责任制,巩固社队林场。

日历翻到 1981 年。

根据《中共中央、国务院关于保护森林发展林业若干问题的决定》(简称《林业决定》)和《安徽省人民政府关于稳定山林权,落实林业生产责任制的规定》(皖发〔1981〕98 号)文件精神,以及徽州地委的统一部署,旌德县林业"三定"工作于 1981 年 8 月启动。

当时,旌德全县 18 个公社(镇),109 个大队,1426 个生产队,26896 个农户,122702 人。林业用地 813403 亩,人均 6.63 亩,其中有林地 59.87 万亩(含灌木和新造幼林)。3 个国营林场,1 个县办林场,经营面积 17.89 万余亩。社队林场 102 个,经营面积 13.5 万余亩。宜林荒山 17.63 万亩。由于体制变动及其他原因,山林权属不清不稳,出现乱砍滥伐、乱开乱挖现象,林业发展步伐变缓,妨碍了水土保持和自然生态平衡,进而影响山区经济建设。

在这一背景下,旌德县为积累经验,少走弯路,1981 年 8 月选择具有代表性的蔡家桥公社进行林业"三定"试点。从各公社抽调的分管林业的主任或副主任、副书记,县林业局以及国营林场、林业工作站等单位的主要负责人和其他工作人员 65 人,组成"三定"试点工作队,由县人大副主任刘华生、副县长江龙生带队,历时 26 天,完成试点工作。

蔡家桥公社试点,为旌德县林业"三定"工作的全面铺开,摸索了经验,培训了骨干,为其在全县推开做了必要的准备。

1981 年 9 月上旬,蔡家桥公社试点工作一结束,旌德县委立即召开三级干部会议,全面部署,成立机构,组建工作队。县里成立林业"三定"领导组及办公室,由县委第一书记朱爱华担任领导组组长,县人大主任胡竹林、县长祁德成任副组长,县林业局副局长田超任办公室主任。办公室下设宣秘、调处、后勤 3 个组。从县直单位抽调的 88 人(其中科、局长以上干部 30 人),公社干部 232 人,大队干部 515 人,加上徽州地委派来的 21 人,共计 856 人,统一组成"三定"工作队。与此同时,各公社(镇)、大队、生产队也相应成立了领导小组和工作机构,由主要领导同志亲自负责。

10月3日,工作队进入阵地,全县16个公社、1个镇的"三定"工作全面铺开。在"三定"工作中,县委书记挂帅,县人大常委会主任蹲点跑片,县长跑面并负责抓办公室工作,县人大常委会副主任、副县长和县委常委分片包干,县、社各部门主要负责人分别担任驻社工作队正、副队长。他们同广大社员一道深入基层,现场指导,宣传政策,解决问题。不少同志带病坚持下乡,白天上山,夜晚开会,吃苦耐劳,兢兢业业,在林业"三定"中发挥了关键作用。

旌德林业"三定"工作,大体分五步:

第一步,学习文件、宣传政策、提高认识、明确任务。重点是宣传党的林业方针、政策,使广大党员、干部和群众了解"三定"工作的意义,明确实行"三定"的方针、政策和方法,积极参加"三定"工作。

第二步,了解情况、弄清权属。摸清基本情况底、山林权属底、山林纠纷底、宜林荒山底、房前屋后零星树木底。重点是解决纠纷,弄清权属。

第三步,根据群众要求,民主协商,登山踏查,搞好"三划"。"三划"即划定自留山,划定责任山,划定四旁。重点是区分责任山和自留山的界线,四旁与生产队指定的地方,做过细工作,解决好具体问题。

第四步,登山核实,登记造册,做好"四订(定)"。"四订(定)"即订立护林公约,签订林业生产责任制合同或协议书,划定社队林场四至,制订林场、生产队、个人发展林业生产规划。重点是建立责任制和巩固社队林场。

第五步,检查验收,填发"八表""两证",建立档案。"八表"即基本情况表、划分自留山呈报表、山林纠纷表、零星树木登记表、林业责任制表、国有山林登记表、社队林场调查表、宜林荒山规划表。"两证"即山林权所有证、自留山使用证。

经过4个月的紧张工作,旌德县林业"三定"取得了如下成果:

1.稳定了山林权,解决了大量山林纠纷。旌德全县共暴露山林纠纷1143起,已解决1128起,占纠纷总数的98.7%。其中与邻县间纠纷28起,县内社际间66起,队际间976起,国营林场与集体间73起。除了与绩溪、宁国、太平等县的山场纠纷尚有8起有待上级主持协商解决外,县内各级各类纠纷均已得到妥善解决,达到了山定权、人定心的要求,促进了安定团结大好局面的形成。

2.制止了乱砍滥伐,乱开乱挖。林业"三定"期间,旌德全县先后清查出较大乱砍滥伐案件49起,分别由县、社两级查处结案。其中追究刑事责任,依法拘留13人,给予党纪处分1人,罚款1562.8元,没收木材26.84立方米,查封木材707棵。在继续大张旗鼓地宣传《林业决定》《森林法》和坚持以法治林的同时,各公社都制定了条数不等的乡规民约。孙村、白地、俞村、云乐、碧云等公社还印发了通告,对制止乱砍滥伐、乱开乱挖起了积极作用。

3.划定了自留山。全县 1426 个生产队,其中有山场的有 1406 个队。据统计,已划自留山 1397 个生产队,计 23623 户,面积 139209 亩,占山场总面积的 17.1%,户均 5.89 亩,人均 1.2 亩。户均最多 19 亩,人均最多 3.94 亩;户均最少 2.92 亩,人均最少的 0.61 亩。不少社员做好了经营自留山的打算,制订了绿化规划。

4.建立了各种形式的责任制。林业"三定"中,旌德全县建立了责任制的山场面积共有 39.87 万亩,占山林总面积的 66.7%。在坚持山权、林权、砍伐权、销售权四权归队的前提下,大体有以下几种形式:

(1)队管专护责任制。即成片林山由大队或生产队统一经营管理,包括抚育、采伐、销售、分配、迹地更新等,固定报酬(一般每年 240—480 元),选派专职护林员进行管护。

(2)组管专护责任制。有的队将林山按自然分块,交作业组管护,根据林木大小、收益多少,定出分成比例。

(3)分户专管责任制。根据山林情况,由就近住户承包管护,现有立木蓄积量归队,生长量 50%—80% 归户作为报酬。由于落实了责任制,签订了经济合同,明确了"权、责、利",所以干群管护山林的积极性被充分调动起来。

5.巩固了社队林场。旌德县通过林业"三定",巩固了全县 102 个社队林场。划定社队林场经营面积 13.5 万亩,其中有 9 万亩幼林,全部实行了专业承包、联产计酬、几包几定的责任制,并制订了林业发展规划。为进一步做好巩固发展工作,除要求各主管单位固定人员、加强领导、正确贯彻营林方针外,县林业部门还从经济和技术力量上大力加以扶持。

林业"三定"在特定的历史时期,以其自身的历史过程和历史作用,在旌德的千山万壑、千家万户打下了深深的烙印,载入了旌德林业发展的史册。

部、省、县联营速生丰产林

1984年4月11日,国家林业部计划司和造林经营司的刘瑾、李玉清等同志,在安徽省林业厅计财处吴同耀处长,徽州行署林业局张奇涛局长、徐能贵副局长的陪同下,由休宁县来到旌德,对旌德县能否承担营造速生丰产林商品材基地进行调查研究。旌德县县长祁德成、常务副县长江龙生等陪同他们对旌德现有林木生长情况和宜林山场立地条件进行勘察调查。

经过一周的勘察论证,4月17日在旌德县委招待所召开调查论证会。在听取勘察论证意见后,县长祁德成代表旌德县委、县政府表态说:"我们旌德是个山区小县,山场占全县总面积62%,水田15万多亩,林业是大头。1972年徽州地区太平林业会议后,旌德县委、县政府就提出压山还林、办林场、建基地,确定'林粮并举、多种经营'的生产方针。勘察调研组这次到旌德来,说明林业部、林业厅领导对旌德关心支持。尽管县里财力困难,但是我们宁可其他事少办、缓办,也要勒紧裤带,挤出资金,把丰产林基地建设这件事办好。"

通过实地调查和听取旌德县的表态后,刘瑾同志代表林业部3位同志当场拍板确定旌德县承接速生丰产林商品基地建设任务12万亩。

1984年6月28日,国家林业部造林经营司与安徽省林业厅协商,在北京签订了《关于联合营造安徽省休宁、旌德县速生丰产用材林的协议》。协议书说明此举目的是"为民尽快培育后备森林资源,解决我国木材供需矛盾"。

1984年7月初,安徽省林业厅与旌德县人民政府签订了《联营速生丰产林商品材基地协议书》。协议书内容分八项,其中一至六项规定:

一、建设规模和时间

经调查设计,全县适宜发展以杉木为主的丰产林面积为184735亩。确定部、省、县联合投资的造林面积12万亩(含国营36015亩),于1985—1990年内完成造林任务(1985年施工2万亩,其中国营1万亩)。

二、投资与造林补助粮

1. 资金来源和投资标准：部、省、县联合投资。国营造林每亩 120 元，其中部投资 60 元，省 10 元，林场自筹 50 元。集体造林每亩 60 元，其中部投资 30 元，省 15 元，县 15 元。

2. 资金拨付办法：部、省投资分 5 年拨付，即造林的前一年与造林当年各拨 30%，造林后一、二、三年分别拨 20%、10% 和 10%，乙方投资的拨付办法自行确定。

3. 造林补助粮：对造林、抚育的粮食补助标准和拨付办法，按省《关于改进乡村造林补助费、补助粮使用办法》的通知执行。

三、生产指标

1. 造林后 3 年的每亩合理造林株数保存率 90% 以上，第 7 年的株数保存率 85% 以上；面积保存率 100%，成林面积确保 12 万亩。

2. 林木平均每亩年材积生长量 0.7 立方米，杉木、柳杉 20 年生主伐时，每亩生产商品规格材 10 立方米。马尾松 30 年生主伐时，每亩生产商品规格材 13 立方米。

四、责任和权利（略）

五、收益分配

集体丰产林主伐时，所产规格材，国家按收购价杉木、柳杉每亩调拨 5 立方米,马尾松 6.5 立方米,并由乙方按采伐面积从集体出售的木材价款中,负责收回部、省投资,并将部投资全部上缴甲方。

六、在建设过程中,由于重大自然灾害或遇有新的问题,影响本协议的执行,造成木材减产时,由甲、乙方协商处理。

此后,安徽省林业勘察设计院对旌德县丰产林基地进行了规划设计,确定丰产林基地面积 184735 亩,其中国营 43851 亩,占 23.7%;集体 140884 亩,占 76.3%。按地类分:宜林地 160834 亩,占 87.06%;疏林改造 133 亩,占 0.07%;幼林培育 11774 亩,占 6.37%;未成林培育 11994 亩,占 6.49%。

根据"生物与经济兼顾"、适地适树的原则和速生、丰产、优质的指导方针,丰产林基地设计造林以杉木为主,柳杉、马尾松、国外松、檫木和香椿次之。檫木、香椿采用与杉木混交方式,以利鸟兽栖息,减少森林病虫危害,促进林木生长。同时,为使杉木造林技术措施适应不同的立地类型,设计杉木为 2 个造林类型,共设 7 个造林类型,供内外业设计选用。按造林类型统计造林面积为 160967 亩,其中杉木 150218 亩,占 81.3%;柳杉 6022 亩,占 3.3%;马尾松 13061 亩,占 7.1%;国外松 2678 亩,占 1.4%;杉檫混交 10950 亩,占 5.9%;杉椿混交 1806 亩,占 1.0%。

为确保完成速生丰产林基地建设,旌德县委、县政府成立了商品材丰产林基地建设指挥部,县长任指挥长,常务副县长及农工部、林业局、计委、科委、财政、粮食、农行等单位负责人组成办公室,负责丰产林建设的施工技术指导、资金和补助粮的管理、发放、监督工作。

旌德县速生丰产林基地建设施工最关键的措施是推行荒山造林承包和技术承包,明确权、责、利。县、乡之间,乡与集体林场、大户、联户、联队、乡村联营投标承包的经营单位之间,层层签订造林合同,明确期限、面积、规格质量、生产指标、奖罚办法。同时,根据丰产林管理和技术上的需要,推行了技术承包:经营面积在300亩以下,由1—2名农民技术员承包;300—500亩,由1—2名林业技术员承包;500—1000亩,由1—2名助理工程师承包;1000亩以上,由工程师及其助手承包。

实现良种壮苗,把住技术关。分别在蔡家桥、庙首、南关3个林场共选择优良林分500亩,作为丰产林采种基地,并进行母树林培育。为解决丰产林苗木问题,从1984年开始,以育苗重点户、专业户为骨干力量,建立了庙首乡壮苗培育基地,保证了丰产林基地建设苗木供应。造林各项施工严格按技术规程办。整地时,劈山、炼山、挖山环环紧扣;造林时,适当深栽,不窝根、不损伤苗木,以提高造林成活率,促进幼树生长,减少萌条。

重视科学普及,提倡集约经营。定期分批培训以重点户、专业户为骨干的技术力量,加强基地所在乡林业技术推广站工作,普及林业科技知识,使群众能看懂、能实施造林设计和技术规程。

建立丰产林基地技术档案。施工中,分立地类型和树种,设立固定标准地,定期调查、记载林分生长情况及林分对地上、地下空间的利用,观察森林效益,建立技术档案,为施肥、间伐、主伐等林事的实施提供理论依据。技术档案实行专柜、专人管理,发现问题及时纠正。

严格检查验收,保证施工质量。丰产林的各项林事活动,技术承包人员定期按设计要求进行检查验收,每年至少2次。县配合省、地进行抽查。检查内容以造林合同和作业设计为依据,发现弄虚作假、质量不合格的,严格按合同条款处理。

1984年冬,旌德县联营丰产林基地开始破土整地,1985年春季开始造林,1990年结束。施工中共区划小班991个,其中国有山场155个,集体山场836个,分布于蔡家桥、庙首、南关、洪川4个国营林场,5个地方国营采育场(站)和旌桥、俞村、蔡家桥、乔亭、云乐、三溪、双河、兴隆、祥云、白地、庙首、碧云、孙村等13个乡的66个行政村。

旌德县速生丰产林基地建设,6年投入资金9817966元(部2954000元、省1826000元、县5037966元),国家造林项目补助贸易粮 128 万公斤,总计造林 128262 亩,其中国有山场 25304 亩,集体山场 102958 亩。林种结构全部为用材林。

1992 年 5 月,由林业部、安徽省林业厅联合组成的检查验收组来旌德县开展工作,验收结果表明:旌德县速生丰产林基地造林总面积原验收合格面积 128262 亩,本次验收合格面积 119256 亩,报废面积 9006 亩,面积保存率为 93%。据专家们当年预测,从 1984 年起,到 1994 年止,培育的 23901 亩中、幼林,已经进入主伐年龄,每亩以 13.6 立方米计算,可生产中、小径级商品材 32.5 万立方米。新造的 95351 亩杉木林,到 2004 年也将进入主伐期,每亩可生产杉木内材 15 立方米(包括两次间伐每亩可产小径材 2 立方米),共计可产中、小径级材 143 万立方米。幼培和新造丰产林两者合计可产杉木内材 151 万立方米,每立方米按 500 元计算,总产值可达 75500 万元,除去造林、幼培总投资 981.8 万元以及砍(伐)、加(工)、集(运)等费用支出(每立方米 200 元)30200 万元,预计全县可创经济效益 44318 万元(包括国家税金和两金一费)。此外,在加快荒山绿化、保护和改善生态环境等方面也有着不可估量的效益,使旌德县的森林覆盖率由原来的 27.2% 提高到 38.1%。

"五·八"攻坚 灭荒绿化

　　1989年,安徽省委、省政府提出"五年消灭荒山,八年绿化安徽"的造林绿化规划。

　　1989年11月10日,中共旌德县委、县人民政府发出《关于加快林业生产步伐,实施"五·八"绿化目标的决定》(简称《决定》)。这份短短8页纸有纲有目的旌发〔1989〕52号文件,提出了"四年消灭荒山,六年绿化旌德"的"五·八"攻坚目标:

　　1990年—1994年,五年人工造林13万亩……;

　　1995年—1997年,经过三年努力,使新造林和封育的林木全部郁闭成林;使公路、河道两旁、水库周围、城镇、村庄全部实现绿化。

　　……

中共旌德县委、旌德县人民政府
关于加快林业生产步伐，实施"五·八"绿化目标的决定

省委、省政府提出"五年消灭荒山，八年绿化安徽"的造林绿化目标，是振兴安徽经济的重大决策，是有益当代，造福子孙的千秋大业。我们衷心拥护，坚决实施。

为加快林业建设，振兴旌德经济，按期完成宣城行署与我们签定的造林绿化目标任务，县委、县政府决定：从一九九〇年起，五年消灭荒山，八年绿化旌德。具体造林绿化目标是：

1990年—1994年五年人工造林13万亩，其中营造丰产林10·2万亩，经济林2·6万亩，封山育林17·9万亩，其中新封面积6·67万亩，续封面积11·27万亩。五年城镇新增加绿化面积534亩；村庄绿化1333个；公路绿化80公里。

1995年—1997年，经过三年努力，使新造林和封育的林木全部郁闭成林；使公路、河道两旁，水库周围、城镇、村庄全部实现绿化。

到2000年，全县有林地面积由现在43·8万亩扩大到52·9万亩，初步建成以三个国营林场、五个森工采育场、122个乡村集体林场为主体的30万亩（包括部省联营、世行贷款丰产林23万亩）杉木用材林基地。森林复被率由现在36·3%提高到50·8%；立木蓄积量由现在145·8万立方米增加到222·3万立方米。经济林面积由现在2·49万亩达到6·43万亩，板栗、柿子、青

~1~

《关于加快林业生产步伐，实施"五·八"绿化目标的决定》（部分）

为实现上述目标,《决定》提出了五项关键性措施:

1. 进一步完善林业生产责任制,形成多种形式的联合造林护林制度。

2. 多渠道筹集资金,增加对林业的投入。

3. 强化林政管理,切实做好"三防"(防病虫、防乱砍滥伐、防火灾)。

4. 鼓励国家干部、职工积极开发林业。

5. 转变观念,加强领导,全社会办林业。

旌德县委、县政府的《决定》似进军的号角,出征的战鼓,行动的指南,有声有势、有序有效地统领着灭荒绿化大军进入了"五·八"攻坚阵地。

从某种意义上说,旌德县委、县政府在《决定》中制订的一系列优惠和奖惩政策,是加速实现"五·八"绿化目标的催化剂。这些政策包括:

1. 完成并超额完成任务,经检查验收达标,2000 亩以下,按每亩 0.5 元计发奖金;2000 亩以上的,按每亩 1 元计发奖金。

2. 乡镇林业站聘请人员,连续聘任工龄超过 10 整年,完成所在乡镇当年造林任务,并在计划外以站办场,当年造林200—500亩者,或所在乡当年完成3000亩以上造林任务,达标合格者,解决本人农转非户口。

3. 以乡为单位,提前1年消灭荒山的,发奖金2000元;提前2年消灭荒山,发奖金4000元。

4. 国家干部、职工经本单位领导批准,保职保薪承包荒山造林,不占所在乡当年任务,一年造林500亩以上,当年达标合格者(第二年交给山权所在单位,不参与林木收益分成,造林投资由山权所有者承担),解决本人配偶或未婚子女农转非指标1名;不需要农转非的国家干部、职工,晋升一级工资。

5. 凡新办林场或乡、村林场扩场造林,当年完成造林500亩以上,达标合格,奖励1000元;当年完成1000亩以上,达标合格,奖励2000元。以此类推。

对不能履行"五·八"绿化规划的县、乡(镇)领导,要追究责任。根据不同情况分别作出书面检查、通报批评、行政记过、警告、就地免职、辞职等处罚。

正是由于这些优惠和奖惩政策,进一步调动了广大干部群众的积极性,加快了灭荒绿化的步伐。几年当中,旌德县共兑现奖金4.17万元,解决农转非户口11人。同时,也由于全县上下团结一心,超前超额完成任务,各级领导无一人受罚。

科技是第一生产力的论断,在"五·八"攻坚中又一次得到充分验证。

旌德全县 14 个林业技术推广站,216 名林业技术人员组成的覆盖全县的科技推广网络,树起了"1436"林业技术开发工程和世界银行贷款国家造林项目在旌德的兴林样板;推广应用了"良种壮苗""立地分类与评价""速生丰产""幼林施肥""容器育苗""芽苗移栽""ABT 生根粉蘸根造林"等 13 项科技新成果;总结推广了庙首林业站主持的免耕法育苗技术和容器育苗芽苗移栽技术,为全县造林提供了大量的优质壮苗,扭转了过去造林从外地调苗的局面,同时还为兄弟县提供了大量苗木;更重要的是使旌德改变过去春天一季造林为一年冬、春及雨季三季造林,从而大大加快了造林绿化进程。

科技示范点有汤村的湿地松容器苗造林示范点,云乐的"ABT 生根粉蘸根造林"示范点,狭坑、麻家、鸦鹊坞的杉木幼林施肥示范点,里仁的封育林示范点,高甲村林场的中幼林抚育间伐示范点,乔亭、庙首、云乐的雨季栽竹示范点,等等。通过大批科技示范点,探索出一整套科学的数据和应用方法,推广指导全县,提高了造林质量。

林业科技为"五·八"攻坚注入了新的活力,它的巨大作用潜移默化在茫茫林山中。

旌德县各级领导的表率作用,在"五·八"攻坚中有着集中突出的体现。这里摘录省实现消灭荒山核查组《关于旌德县实现消灭宜林荒山核查验收情况汇报》中的一段文字：

舍得花精力，常抓不懈。各级领导为推动"五·八"规划的实施，坚持一年四季常抓不懈。每年整地、造林、抚育等关键时刻，县六大班子和乡镇主要负责同志都分工包乡包村。3年来，县政府先后召开了3次现场会、2次广播会，5次组织六大班子和绿化委员会对造林、幼林抚育进行检查。县长于1991年发布了幼林抚育工作"一号令"，1992年幼林抚育期间，又致全县各级干部《我的一封信》。

舍得花财力。为了推动项目造林的完成，旌德县在财政十分困难的情况下，每年给项目造林配套资金10万元。另外，1992年，一次拿出15万元临时解决幼林抚育和补植的资金不足。

率先垂范，抓点带面。各级领导不仅是一级讲给一级听，更主要的是一级做给一级看。"五·八"期间3年中，县乡两级办绿化点149处，造林面积4.13万亩，其中县级领导办点23处，造林1.99万亩。如县委书记汪和睦同志在白地乡高甲村马岭自然村抓点，一年造林2663亩，由于造林标准高，措施得力，幼树保存率高，生长旺盛，3年生杉木平均高2米。县长在兴隆乡抓牛背岭马尾松项目示范点,五进槚头,八上牛背岭。新任县长何秋成上任后,主动到经济基础薄弱、交通不便、立地条件差的三溪镇槚坑村办自己的造林示范点。在他的带领下,在不增加投资的情况下,广泛发动群众,按项目要求施工,半个月造林550亩。这一举动推动了1993年全县春季造林工作。

时任分管农林的常务副县长刘纯济同志,是旌德"五·八"攻坚战的组织者和指挥者之一。他身先士卒,呕心沥血,常年奔波在造林一线,哪里有困难就到哪里去。1991年云乐乡任务艰巨,他亲自到云乐,同干群一道,白天参加检查督促,晚上开会部署,连续工作七天七夜,使该乡按期完成任务。

领导干部身体力行的工作作风,极大地鼓舞了群众的造林积极性,起到了示范带头作用。

在"五·八"攻坚面前,人人都有一份责任、一份奉献。全县上下横下一条心,领导联系造林点,层层签订责任状,群众投入劳力,干部义务植树……

为了实现消灭荒山、绿化旌德的目标,旌德的林业干部,从局长到基层林业员无一不在超负荷运转,超常发挥。每当整地、造林关键时刻,林业干部整旬、整月都不能回家。没有节假日,没有星期天,没有上下班,终日都在和林农一起跑山场、做示范、传技术、讲要领、选苗木,进行现场技术指导。

山区群众从多年来的生产实践、生活经历中,领悟到"山区要致富,必须多栽树"。在"五·八"攻坚中,山区群众迸发出极大的积极性和创造力。如乔亭乡华川村村民周银生为及时完成 200 多亩新造林幼林抚育,卖掉住房,住工棚,集资搞抚育。云乐乡一行政村村长,发动群众集资进行幼林抚育,自己一次拿出现金 3000 元。

为确保 1995 年实现绿化达标,旌德县委、县政府把绿化工作纳入机关、乡(镇)岗位责任制考评,并实行一票否决制。县政府成立了"绿化指挥部",县直有关单位和乡镇成立了领导组。绿化的共识,变成了绿化的行动:如三溪古城河滩上的那片郁郁葱葱的意杨林,那是县直机关干部义务植树的成果;县示范幼儿园,在经费拮据的情况下,挤出 5000 余元,种植草坪 900 平方米,栽植各类草、木本花卉 1000 多株,做到绿化、美化、净化。

正是广大干部和群众的积极性、创造性和自觉行动,党和政府的号召才能一呼百应,"五·八"攻坚才能落到实处。

历史的时针走到了 1993 年 4 月 27 日。安徽省实现消灭荒山核查验收领导组派省林业厅科教处处长王克祥一行 7 人来到旌德,开始对旌德县申报实现消灭宜林荒山进行核查验收。核查结果:

1. 在抽查的样本中,共发现宜林荒山荒地 998 亩,其中连续面积 15 亩以上的共 17 块,495 亩。按抽样比推算,全县尚有宜林荒山 5280 亩,15 亩以上 2619 亩,仅分别占全县"五·八"造林绿化规划任务的 2.2% 和 1.1%。对照安徽省实现消灭宜林荒山标准,完全达标。

2. 根据自查成果以及样本抽样核实,全县共有不列为实现消灭宜林荒山对象的无林地 12858 亩,其中岩石裸露和土层脊薄等不便用地 7772 亩,占 60.4%;列为世行造林项目安排 1994 年造林小班面积 2122 亩,占 16.5%;划为牧场 2484 亩,占 19.3%;当年采伐火烧迹地 185 亩,纠纷山场和军事用地 296 亩,合计约占 3.8%。

在验收中,核查组第一印象是:人工造林规模大、质量好、效益显著。

实施"五·八"规划以来,旌德县累计完成人工造林 12.84 万亩。由于在实施过程中,以国营林场、乡村林场、承包大户为依托,以项目造林为龙头,使造林规模大,集中成片。在 3 年营造的人工林中,成片造林 11.8 万亩,占整个造林面积的 91.9%。全县已有万亩以上杉木林基地 4 个。由于项目造林工程造林占有相当比重,精细整地、适地适树、及时抚育等科学造林措施落到实处,造林质量大大提高。经省林业厅当年验收,3 年合格面积保存率分别为 100.5%、

122.8%和100%。在本次验收中,所看到的近几年新造幼林郁郁葱葱,长势旺盛。由于旌德县世行造林和部、省、县联营丰产林以速生、丰产、高效的杉木占绝对优势,因此,无时无刻不在增长巨大的经济效益,成为名副其实的"绿色银行"。

强化林政管理,稳定林区秩序;注重林种结构调整,经果林逐渐形成规模;乡村林场越办越好,造林承包户不断涌现;等等;也给核查验收组留下了深刻印象。

1994年5月,旌德县顺利通过林业部核查验收,成为皖南山区第一个消灭宜林荒山的山区县,安徽省人民政府授予其"实现消灭宜林荒山先进单位"称号。

荒山消灭了,旌德人民并没有因此而松懈斗志。旌德县委、县政府为确保1995年实现绿化达标,制定了《旌德县1995年绿化达标实施意见》及实施办法和奖惩措施。"发展林业,绿化旌德"成为全社会的共识和共同行动。

到1995年,旌德全县有林地64.99万亩,疏林地0.98万亩,灌木林地8.2万亩,新造未成林地8.7万亩,合计82.87万亩,占林业用地84.1万亩的98.54%(其中在"五·八"规划实施期间新造林16万亩,封山育林9.1万亩)。全县公路绿化、水利工程绿化、村庄绿化全部达标,成为全省较早通过省级绿化达标验收的山区县。安徽省人民政府授予旌德县"造林绿化先进县"称号。

　　1996年3月1日,全国绿化委员会第十五次全体(扩大)会议在北京人民大会堂召开,大会由林业部部长徐有芳主持,刘济民副秘书长宣读全国绿化委员会表彰决定。第一个上台领奖的是解放军代表王琪少将,由姜春云副总理颁奖。第二个上台领奖的是旌德县绿化委副主任陈菊生,由布赫副委员长颁奖。旌德县是会上唯一荣获"全国造林绿化百佳县(市)"和"全国绿化先进单位"称号的县。

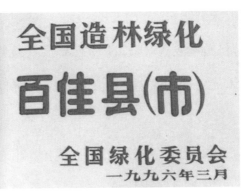

全国造林绿化百佳县(市)奖牌

全国绿化先进单位奖牌

　　实现全域绿化之后,旌德县通过世行项目造林、林业二创、千万亩森林增长工程的实施,至 2017 年有林地面积增长至 97.7 万亩,森林覆盖率 69.2%,林木绿化率达 73.1%,赢得了"山区小县,林业大县"的美誉。

三、没有"林长"称谓的林长们

程开贵的插杉记录

程开贵(1903—1983 年),全国林业模范,中共党员,曾任旌德县俞村公社仕川大队林管会主任、林场场长和旌德县林学会名誉理事长等职。

程开贵原籍绩溪县,从小随父帮工种山。1931 年因山洪暴发,他携妻小四口逃荒,流落在旌德县仕川村一个山棚里,靠租种荒山度日。仕川村地处旌德、绩溪、宁国三县交界的崇山峻岭之中。由于国民党军队清山"剿共",大肆放火烧山,使山林遭受严重破坏。新中国成立前夕,全村 8000 多亩山场,仅存林山 1065 亩,木材蓄积量仅 1600 多立方米,山村极度贫穷荒凉。当时流传着"山上少树地少苗,一没吃来二没烧"的辛酸民谣。

新中国成立以后,程开贵以主人翁的姿态带领广大农民群众植树造林,重建家园。不论阴晴雨雪、严寒酷暑,他总是脚穿草鞋,肩扛锄头,腰挂柴刀,踏遍全村每一处山场,和大家一起采种种树,始终以山为家,以树为命,以林为业。在长期的林业生产实践中,程开贵不断摸索试验,总结出"夏日阳山采条阴山插,冬日阴山采条阳山插"的经验,使"四季插杉"获得成功,杉苗成活率95%以上,从而解决了仕川造林苗木不足的难题,对全县林业发展也起了很大的推动作用。

程开贵虽身居林区,手握"林权",但他却一木不砍,惜树如金。新中国成立以来,全村100多户农民先后盖起新房。不少人也劝他拆旧建新,改善住宿条件,他都婉言谢绝,全家仍住在破旧的宝莲庵里。一年冬天,他女婿从四五十里外专程登门,想向他讨根毛竹为孩子箍火桶。他对女婿说:"为国家、为集体,你要一万根都有,可要送人情,我连处理一根茅草的权利也没有!""文化大革命"期间,乱砍滥伐严重,程开贵更是日夜在林山巡逻护林防火。对那些上山砍树赚钱的人,他晓之以理,苦口婆心地劝他们下山;对少数不听劝阻、执意砍树的人,他挺身而出,双手抱树说:"要砍你们就砍我,集体的树不准动!"由于他正颜厉色,舍命护林,终于保住了树木,集体财产免遭损失。1950—1962年,仕川连续13年未发生山林火灾。

由于程开贵三十多年如一日,带领群众艰苦奋斗,仕川林业发展迅速。1958年12月,程开贵出席全国社会主义建设先进单位代表会议,受到毛泽东主席等党和国家领导人的接见。20世纪80年代初,仕川村有林面积7000余亩,木材蓄积量6500立方米,年交售量500立方米。程开贵先后14次被评为全国、全省、全县林业劳动模范。

马长炎的旌德足迹

1972年2月上旬,旌德县委常委、革委会副主任胡竹林随副省长马长炎到北京向李德生主任汇报旌德林业工作。写到这里,让我们的笔触自然转到这位出身老红军的副省长促使旌德林业转机上来。

马长炎(1913—1997年),江西省乐平县人。新中国成立初期,他任中共巢湖地委代理书记,军分区司令员,九十师师长,水利工程第一师师长,治淮委员会副秘书长、秘书长。1956年起,他任中共安徽省委常委、省人民政府副省长、革委会副主任,分管林业工作。马长炎为人直爽,生活简朴,平易近人,大家都喜欢喊他"马老"。

北京回来以后,马长炎副省长抓住平原的涡阳县和山区旌德县不放。为促使涡阳县锦上添花,旌德县后进变先进,在1972年春季造林之前,他采用"育林先育人"的办法,花了四五天的时间,让省政府办公厅派一辆吉普车,亲自带着造林处处长、旌德县的胡竹林到涡阳,跑了涡阳一半以上的公社和十几个大队。每到一处,马长炎都要社、队干部带到现场看,还坐下来听汇报。马长炎副省长对胡竹林说:"小胡,你要好好看、静心听哦!"胡竹林在涡阳看到的听到的事实,让他心服口服。他看到的是"一片林海,白天看不到村庄,夜晚见不到灯光。所有公路每两里路,就有一间护林室和一个戴红袖章的护林员"。他听到的是"领导层层带头,若要火车快,就要有一个好的车头带"以及建立造林、护林制度等。

胡竹林离开涡阳的那一天,上午还在下面跑,下午2点才动身回合肥。那天下着大雨,路上沙浆泥很滑,到达合肥,天已黑透。马长炎副省长要胡竹林在合肥住一晚。

胡竹林看了一下表已是9点,心里想春季造林迫近,住一晚就是一天,就说:"马老,我不住了,夜间11时有火车过江,我乘这班火车回去,能争取一天时间。"

他听胡竹林这么一说,很高兴地说:"那也好!但你要记住,淮北是平原,你们是山区。他们到处是泡桐、椿树、大官杨,你回去要大抓杉木林基地哦!植树造林,苗木先行,还要狠抓社、队林场育苗哦!"

胡竹林回答说:"不辜负您老的希望!回去马上汇报贯彻,立即行动,迎接马老去检查。"

胡竹林从涡阳回旌德后,立即向县委、政府领导汇报了涡阳的先进事迹和先进经验。旌德县委、县政府立即开会传达贯彻,持的态度是不能照搬照抄涡阳经验,但一定要把涡阳的精神学好,做到因地制宜,大抓旌德速生丰产杉木林基地。县委书记朱爱华雷厉风行,深入俞村的杨墅、桥埠、赵川等山场和干群一道"挖大穴,下肥料,选好苗",大搞速生丰产杉木林基地。

时隔不久,马长炎副省长就带着秘书和林业厅造林处处长来旌德县检查林业工作了。到旌德之后,他不是先听汇报,而是要胡竹林陪同先到山上去看。

他身体虽好,毕竟是五十多岁的人了。县里的同志劝他:"山太高的地方就不去了,到一些比较好爬的山上去看看。"

马老风趣地说:"不行! 我是飞毛腿,再高的山地也能上去。"

第一天,马老要胡竹林他们带他到县委书记搞的速生丰产杉木林基地去看,他登上赵川的狮子山、杨墅的姚家山、桥埠的上南山。这些山场路狭坡陡,马老爬得不比胡竹林他们慢,到一处看一处,看得认真细致。他看到县委书记搞的高质量的试验林,赞扬说:"这是真干了,干他几年,一定能后进变先进。"

第二天,胡竹林他们又带他检查了南关、版书等公社的杉木基地,也都爬上了高山,马老兴致勃勃地对基层干部讲个不停。下午回县城,晚上到县直科局长以上干部会上,马老作了一个半小时的报告,大讲绿化荒山、植树造林、山林管理等,强调"火车快,车头带,科局长以上的干部要做表率"。到会同志听得入耳,很受感动。会后不少同志说:"马老的报告实在,他那么大年岁,白天上山,晚上还给我们作报告,真了不起呀!"

马长炎副省长在管全省林业工作时,每年都要到旌德县来一次,来了就上山,最远的祥云杨家圩高山也都上过。

朱爱华的造林干劲

朱爱华,江苏省新沂县人。1954年春从部队转业到安徽省,任歙县县委组织部部长,次年任歙县县长。1961年9月至1963年1月任旌德县县长。1973年6月至1982年3月任中共旌德县委书记。

1973年夏,朱爱华同志第二次受命到旌德工作。当时正值县委派胡竹林同志赴京汇报林业工作和徽州地委在太平召开全区林业工作会议之际。为贯彻落实中央领导同志李德生对旌德林业的指示和徽州地区太平会议精神,改变旌德森林资源少、荒山面积大、集体经济薄弱、群众生活不富裕的落后状况,县委一班人面临着历史性的选择。

朱爱华是书记,是班长,他知道自己肩负的责任有多重。在深入基层,调查研究,翻山越岭,察看现场的基础上,朱爱华主持召开了县委扩大会议,研究制定了"落实指示,规划蓝图,振兴旌德林业"的决定,做出了"狠抓东西两大片,大战沿途两条线"的部署。两大片:东乡俞村片,西乡白地片;两条线:东是旌(德)鸿(宁国鸿门)公路沿线,西是旌(德)太(平)公路沿线。党政主要领导各抓一片一线。朱爱华同志负责东片线,县长方社榴同志负责西片线,带领社、队干部,广泛发动群众,开展整地造林大会战。

东片线,连接着桥埠、俞村、芳川、凫阳、上口、杨墅、赵川等大队的近3万亩山场。山峦起伏,荆棘丛生,为数不多的小树在山风的呼啸中摇曳,似乎在向会战大军招手求助。

决策无疑是正确的,实施自然是及时的。会战一打响,朱爱华同志便打起背包,带领秘书曾培山和吴能正、冯磊两位林业干部先后进驻了杨墅和桥埠,与社、队干部一起规划山场,拉线定点,挖大穴、挑塘泥、下基肥,搞样板林,真正实行"同吃、同住、同劳动",在杨墅营造杉木样板林5.13亩。朱爱华跑遍了东片的每个大队,队队有他亲手栽的树,他白天上山,晚上同干部群众促膝谈心。

在朱爱华同志和县委一班人的运筹决策和指挥带动下,经过全县广大干部群众8年的艰苦奋战,逐步形成了以凫山、白云山、龙王尖、洋山、马鞍山、龙王山等山场为主体的三大片10万亩杉木林基地,为20世纪80年代实施部、省、县联营建立12万亩杉木丰产基地和90年代实现灭荒绿化打下了坚实的基础。

社队办林场,是20世纪70年代旌德县委实施"大办林业"战略部署的重要举措。当年,年过半百的朱爱华同志在主持全面工作、发挥集体领导作用的同时,自己带头下乡上山,边调查研究,边与当地干部群众商讨山场组合、劳力抽调、投资分配等创办林场的具体问题。

1973年,朱爱华同志在东片抓点时,明确提出要办林场、建基地,要"造好一片林,留下一批人,办好一个场"。这年冬,旌红公路沿线的篁嘉、凫秀、芳川、上口、凫阳、桥埠、尚村、俞村、杨墅、赵川等10个大队全都办起了集体林场。东线办林场的做法和经验被推广到全县。到1974年,旌德全县乡村林场迅速发展到109个,固定场员2109人,经营面积达22.5万亩,占全县山场面积的27%。

当年云乐乡林场老场长周本信,说起朱爱华书记重视办林场的往事,敬仰之情溢于言表:

那是1973年隆冬的一天,天寒地冻,白雪皑皑,为了解俞村、云乐接合部的山场状况,朱书记带着秘书,背着被条,从凫阳出发,硬是用5个小时,步行7.5千米,翻越海拔800多米的白云山,一路察看,来到位于深山僻野的小村——米圩自然村。当他登上白云山之巅,极目远眺,一幅山岚叠翠、气势磅礴的画面令人心旷神怡。他当即吟诗一首:"白云托蓝天,奇峰入眼帘。深山藏沃土,添娇待吾辈。"抒发了一位朴实的领导者热爱大自然、誓为大自然增添娇美、改造山河的情怀和壮志。

在米圩,朱爱华与云乐公社党委书记程海清一道上山察看山场,并提议在米圩办林场,开发利用这片沃土。1974年夏天,云乐公社林场在米圩建立,刘村大队长周本信担任场长,各村抽调年轻力壮的劳力和屯溪、芜湖等地下放知青共30多人在米圩安营扎寨,组织秋冬整地。1975年春天,朱爱华和云乐公社党委书记杭宝之、县委办公室秘书汪玉海第二次来到米圩,在林场简易窝棚里,点着煤油灯,与全场职工促膝座谈,商讨炼山整地完成后如何尽快栽好树。全场职工思想统一之后,夜已很深,朱爱华就在林场窝棚住了下来。第二天一早,他身穿雨衣,肩扛锄头,同林场职工一道冒雨上山,直到傍晚才下山,亲手为林场栽下了第一批树。这年春季,林场造杉木林185亩,此后连续7年共造林1082亩。

双河公社同乐大队是个缺山少林的低山丘陵地带,农民光靠种田富不了,想办林场办不了。社队干部要求在国营庙首林场划片当时顾不上开发的山场给他们办个集体林场。情况反映到县里,朱爱华书记十分重视,随即把县林业局局长刘华生和庙首林场场长喻有根找去协商,决定在德山里工区划1700多亩荒山给同乐大队办林场。如今,那里已是树大林深,植物繁茂,百兽穿梭。

乡村林场的发展并非一帆风顺。

1979 年,大队核算下马,个别地方先斩后奏,把林场给撤了。1980 年,旌德农村开始推行农业生产责任制,林场原先制定的那种"劳动在场,评工记分,场队结算,回队分配"的办法已经行不通。报酬兑现不了,场员纷纷下山。1981 年搞林业"三定",一些地方以落实山林权属为由,要求"砸锅分铁",将林场的林子分掉。形势变化很快,问题接踵而来。集体林场是上还是下,是撤还是保?县委、县政府又一次面临历史的抉择。

朱爱华同志和他的战友们共谋对策。经县委常委会议认真分析讨论,一致认为林业和农业不一样。林木生长周期长,破坏容易恢复难。乡村林场是广大干部群众多年苦心经营的成果,是集体的财富,只能保,不能撤,只能上,不能下。同时做出决定:撤并乡村林场一律要报县委批准,擅自撤并的,要追究领导责任。于是,旌德县的林业"三定"后面便有了"一巩固",全称为:确定山林权,划定自留山,制定责任制,巩固社队集体林场。

1980 年 8 月 12 日,中共安徽省委第一书记张劲夫到旌德视察,肯定并表扬了旌德县的乡村林场。1984 年 9 月,安徽省林业局长暨乡村林场代表会议,推广了旌德创建和巩固乡村林场的经验。

如果说乡村林场是一座大厦,朱爱华同志就是其中的一位奠基人;如果说乡村林场是一棵大树,朱爱华同志就是一位模范的护树人。

朱爱华带领旌德县委一班人,做决策,大办林业,建林场,造福后代,全凭着对党的事业的忠诚,对人民群众的热爱,对自己的严格要求。在实施决策和发动群众的过程中,朱爱华身体力行,率先垂范,吃苦在前,言传身教。

1973年冬,朱爱华在桥埠林场搞样板林,亲自上山拉线、定点、挖大穴,遇上大树桩、大石块,坚持不后退,不移位,不撬出来不罢休。一天下来,自己十分劳累,却既关心又风趣地对随同的吴能正同志说:"老吴,你今天干累了,我给你斟杯酒,喝两口,解解乏。"

云乐公社林场创办前后,朱爱华凡到云乐,都要到林场简易窝棚住上一两晚,公社书记劝他到招待所吃住,他总是婉言谢绝。林场开山造林第一天,朱爱华上山栽树,手被划破,鲜血渗透在衣袖上。为节约时间,朱爱华要林场职工把中饭烧好挑上山去。中午在山头上吃饭,双手是泥,没有水洗,搓一搓就端碗筷;山上风大,天气又冷,腌菜烧肉结了白白一层冻,朱爱华和大家一样,吃得津津有味。

1975年秋,朱爱华和兴隆公社书记方本堂等同志一道,深入到与太平县交界的毛园里检查永安、兴隆、陈村3个大队林场的造林情况。他们从牛背岭进山,登山穿行羊肠小道,由黄华岭出山,行程10多千米,掌握了偏远山区大队林场造林的第一手资料。

1977年冬的一天,朱爱华和双河公社书记王春涛一道在光荣大队听党支部书记方金保汇报情况,听说林场栽的杉木林长得很好,可惜被野鹿啃去不少嫩梢。当时,天下着小雪,朱爱华却坚持要上山去看看现场。雪越下越大,足有一尺深,来回5千米多路,胶靴里装的雪化作了水,裤管上打湿后结成了冰。

有一次,朱爱华到坎上林场检查林业生产,事先不打招呼,直到午后1点多钟才下山,林场饭已开过,唯有锅里剩下的几根玉米棒。他二话不说,拿起来就吃。炊事员见是县委书记,急得要重新为他烧饭,他硬是不依。

朱爱华时常同他身边的工作人员说:"人到五十五,埋了半截土。这不是悲观情绪,人随着年龄的增长,精力不济,逐步衰老,这是自然规律。所以在我有生之年,只要还能动,就要把党和人民交给我的这份工作做好。"

1979年,中共徽州地委下发了《关于山区生产建设若干问题的意见》(徽发〔1979〕51号),文件指出:过去由于极"左"路线的干扰,山区生产方针长期没有定下来,口粮标准又过低,粮食供应量偏少,在这种情况下,农民不得不年复一年地开山种粮、上山种粮、毁林种粮,以致造成"越开越穷,越穷越开,恶性循环,山穷水尽"的现象。这些年来,山区虽然搞了一些粮食,但整个山场以至土壤、气候都给破坏了,祸及子孙,这个教训是非常深刻的,是已经到了该下决心解决问题的时候了。徽州地区从"八山一水一分田"的实际出发,确定了"以林茶为主,多种经营,宜林则林,宜茶则茶,宜粮则粮,宜桑则桑,宜牧则牧"的山区生产方针。具体到地区各县、各社队,其生产方针要根据各地的不同情况来加以确定。通过因地制宜,适当集中对山区、半山区、平畈地进行规划和指导,通过调整粮食生产布局,"压山"退粮,退粮还林,下功夫在田里抓粮,并把重点放在从绩溪到休宁的公路沿线,以及旌德往宁国、黟县的一些小盆地(全区约计18片,约60万亩),把这些地方逐步建成为粮食生产基地,实现稳产高产。与此同时,"必须明确山权、林权以及投工和分配的方法……实现以短养长,促使社队林场得到巩固和发展"。

为贯彻徽州地委文件精神,1980年2月28日,朱爱华主持召开了全县林业工作会议,针对旌德山多田少林少,人均6.1亩山、1.4亩田的实际,指出领导的主要精力,必须放在林业生产上;强调建设好山区,就要发展林业,植树造林代表广大人民的根本利益,是旌德人民的千秋大业。

1980年,旌德县完成植树造林3万亩,育苗300亩,四旁植树60万株,次生林改造5000亩。

1982年4月,朱爱华同志调离旌德。那时,旌德县已有社队林场109个,经营总面积1.7万余亩,造林9万多亩;全县林地已有663561亩,立木蓄积量98.7万立方米,森林覆盖率达38%。

陈菊生的鸦鹊山时光

1983 年,中央一号文件拓宽了人们的思路,激励了人们改造山河的信心。

当时的旌德县尚有宜林荒山 21.5 万亩。林业"三定"工作开展以后,随着林业生产责任制的不断完善和造林贷款合同制的推行,旌德全县出现了大户、联户、联队、乡队联营承包荒山的好势头。全县有大户承包 4 户,联户承包 96 户,联队承包 4 个,乡队联营 1 个,共承包荒山 23142 亩。林业科技工作者承包荒山造林,陈菊生在全国是第一个,也是影响最大的一个。

陈菊生 1967 年从蚌埠林校毕业,不得不下放到农村当农民。1980 年调到旌德县林业局工作,旌德山场荒山众多的现实触动了陈菊生为河山添锦绣的理想。工作期间,他 4 次到乔亭乡东片荒芜的鸦鹊山。中央一号文件的春风,吹到了陈菊生心里。这一回,陈菊生只身钻进鸦鹊山荆棘丛中,察看山势,研究植被,分析土壤,不由得感叹起来:"这里的山好水好土也好,可惜只有荆棘没有宝。"

经过一番权衡,陈菊生在鸦鹊山山形图鸦鹊"翅膀"上画了一个圈,圈上了水竹坞、山庙坞、獐子沟三条山冲的 6872 亩山场,他要在这荒山上绘一幅壮美的图画。

陈菊生经过一番深思熟虑,提笔写下了保职停薪、承包 5000 亩荒山造林的报告。

陈菊生的举动就像在平静的水面上投了一个石头,众多非议和闲言碎语扑向他和他的家庭。陈菊生自己忍着,妻子却受不了,指着停薪保职报告说:"就你能,砸掉自己的铁饭碗去承包荒山不算,还要立军令状,想掉脑袋怎么的?"

"你一拍屁股走了,上有 95 岁的祖母和体弱多病的父母,下有两个上学的孩子,担子都压在我一个人身上,行吗?"

陈菊生耐心地向妻子解释:"家里有困难,我怎能不知道? 但一个林业技术人员最大的希望是把荒山绿化,期望得到你的理解和支持。"

亲友对陈菊生停薪承包荒山的举动,有的很感动,也有的提出"忠告":"历来改革者下场都不妙,出头的鸟先倒霉。你一个股长,采伐证、外运证都在你手里掌握,何必舍本求末,自讨苦吃?"

"我们的事业是绿色的事业,山未绿,何以家为? 有道是:位卑不敢忘忧国。我愿做一颗绿色的铺路石。"这是陈菊生同志的回答。闲言碎语压不垮他,他坚定决心毅然交出了"保职停薪承包5000亩荒山造林"的报告。

陈菊生冒着风险,率先停薪承包荒山的壮举,从开始就得到旌德县各级领导和银行的支持,但任何新生事物的发展都不是一帆风顺的。

6月1日,陈菊生与旌德县林业局签订合同后,即从县外雇请100多位民工,背锅挑米,扛着行李,到远离县城20多千米的荒山秃岭搭起简易草寮,定居造林。

6月的江南,正是山花锦簇的季节,而鸦鹊山献给拓荒者的却是丛丛荆棘。为了召集劳力,陈菊生向愿意参加拓荒的农民做了许诺,把近期的造林补贴和贷款全部用于支付民工工资,造林时的林间收入也全部给他们,并向堂弟借款2万元全部用作开办费。

陈菊生率领6人的"先遣队"进驻鸦鹊山,他们的任务是选场平基,搭棚立灶,迎接绿化大部队。说起当年令人难以置信,6800亩山场居然砍不到一根可以搭棚的梁,割不到披顶的草。陈菊生诙谐地说:"古人卧薪尝胆,尚有薪草可以卧,我们拓荒者只好卧土创业了。"鸦鹊山太穷了,穷得连鸟都没有窝。面对荒凉与孤寂,有人怯阵了,第一夜有2人不辞而别,陈菊生又拉上一个班顶上去,但几天

陈菊生造林的鸦鹊山(江建兴　摄)

一过,这个班又是人去棚空。

一连串的逃跑事件引起陈菊生的深思,创业光有一股热情和良好的愿望是不够的,要抓好山头,首先要抓好人头。

白天陈菊生到一个个工组参加挖山劳动,与民工同吃一锅饭;晚上与他们同住一座草棚,畅谈改造荒山的理想,憧憬美好未来。他说:"我一个人有多大能耐完成5000亩造林任务?还不是靠大家!"

陈菊生用这些质朴的发自肺腑的语言,获得大家的同情和支持,几十名远离家乡的农民被"稳"住了。他们第一年开垦了1500

亩荒山,第二战役完成整地造林 2700 亩。

年过七旬的陈菊生说到当年,不免感慨起来:"那些年苦就吃多了,三年以后要好一些了。我们搭个小茅草棚子,住在底下。一天,忽然山沟里一阵风,把茅草棚子卷飞掉了,我和几个工人在一起,哗哗的大雨一直下到天亮。天一亮怕生病,赶紧去砍茅草再来盖房子,那个晚上在雨中熬了 10 个小时。躲雨要跑十几里路,而且那个路还崎岖难走,还没办法走,被条也淋湿了,我们就把被条顶在头上,把茅草顶在头上,那一晚上我受够了。讲吃,基本上盐水和酱板是当家的,没什么菜的,搞点海带吃吃就算很不错的了。"

创业艰辛磨难多。1984—1985 年陈菊生成了新闻人物,但他的体重却掉了 20 来斤。树木还没长成,陈菊生的腰板却过早地弯曲,且银丝满头了。善良的母亲心疼了,她对儿子的创举看不到那么深,心想:"前人栽树为后人,可你只有两个女儿……别去讨苦吃了,等树长直,自己腰先弯了;山头绿了,自己的头发也白了!"

这些陈菊生都考虑过了,等 20 年后林木成材,自己也可能不在人世了!但林业科技工作者的绿色事业永存,对母亲应尽孝道,同时也要对祖国献出林业科技人员的忠心。

就在陈菊生的绿化事业犹如雨后山溪欢腾前进的时候,却遇到了曲折。

一份内部材料上有"干部保职停薪不宜提倡"的话,县里有人对陈菊生的做法有点拿不准了,担心陈菊生保职停薪承包国有荒山,雇几十个人,是否有合法性。银行方面也请人传话:"雇工超过5人方向是不是对?"因此对继续贷款提出异议。

面对这些,陈菊生能挺住,他爱人却受不了这口气,劝他趁早散伙。最叫陈菊生担心的是贷款中断,他那几十个农民兄弟可是要等工资养家小的啊。

陈菊生多次坐在山石上,一人抱头苦思。

"限定5—7人,在刀砍锄挖的作业水平上能绿化大面积荒山吗?"

陈菊生百思不得其解,失眠,睡不好觉。农民兄弟来安慰他:"工资发不出,我们可以缓拿。"此后,省、地、县林业主管部门无偿支持资金4万元,贴息贷款12万多元,让陈菊生舒展了眉头,继续造林。后来,陈菊生给林业部部长写了封长信,诉说自己的心愿和苦恼:"我不怕艰难困苦,也不怕有人刁难,就怕政策多变,造不成林。有道是'位卑不敢忘忧国',只要造成几千亩林,哪怕将来担多大风险,我也高兴,死而无怨。"

的确,开拓人们头脑中的"荒山"往往比向大自然开战更难。陈菊生的可贵之处就在于他在两方面都是勇敢的开拓者。

当时,有的人认为陈菊生做了件好事情;还有的人认为,陈菊生是雇工剥削——你把人家工资给了,但是剥削了人家的剩余价值,这是雇工剥削；还有一些人认为，这么几千亩国家的土地，他把抓到个人手里去了，不成了一种新的地主吗？

针对"造林雇工剥削"争论，采访陈菊生的一位《人民日报》记者，写了篇内参反映到了高层。

1984年1月25日，胡耀邦同志看了《国内动态详情》204期刊登的《旌德县林业干部陈菊生自愿保职停薪承包5000亩荒山造林引起的争论》一文后指示："杨钟同志（原林业部部长），对这样的大好事，你们要有明确的态度。"并在"陈菊生从剩余劳力较多的歙县南乡等地雇来了季节性外包工90余人……"这段后批注："不可以把名称改下吗？叫招请，合伙经营，工资也是合伙的一种形式，按劳计酬，工资有级差，这就不是旧社会那样的雇工剥削了！"

全国绿化委员会主任万里同志又在全国绿化委员会上讲话："我们要以满腔热情，支持各地出现的新生事物，支持改革的精神，像安徽省旌德县的陈菊生同志，他自愿保职停薪承包荒山5000亩，福建省仙游县李金耀同志集资邀伙，办了1000多亩的林场，他们这种远见卓识，敢担风险，改造河山的精神是值得赞扬和提倡的。"

1984年2月16日，《人民日报》发了消息：对陈菊生保职停薪承包荒山造林，林业部部长杨钟认为是件大好事；安徽省委书记黄璜说应予积极支持。

"忽如一夜春风来，千树万树梨花开。"一个接一个支持信息传到旌德县,拓宽了人们的思路,解放了思想,科技干部和群众承包荒山造林积极性空前高涨。陈菊生的事迹传到全县、全地区、全省……他每天都收到一些来信,这些从天南地北寄来的信,给他以鼓励支持。陈菊生在回信中激动地写道:"高山流水有知音,在中国,希望干事业的人大有人在,我只不过是通往绿色世界的一颗铺路石。"

头一年,陈菊生炼山整地1500亩,全垦全栽。次年,人数增加,育苗、抚育、垦荒、植树同时进行,新垦山场3500亩。到第三年,5000多亩全部完成,提前两年实现造林绿化目标,成活率90%以上,超过国家规定标准,木材生长量每年递增800立方米。

1983年12月21日,旌德县委、县人民政府发出《关于鼓励农民承包荒山造林加快绿化步伐的决定》,明确了推行荒山承包造林应遵循的三条原则:

1. 对现有荒山承包的各种林业生产责任制,不论是什么形式,只要群众满意,能在限期内绿化、造林,就应注意相对稳定,不要轻易变来变去。

2. 坚持兼顾国家、集体、个人三者利益,让群众得到更多的实惠。荒山承包造林是经营国家或集体林业的一种形式,有利于发挥森林的多种效益,有利于调动承包者的积极性,有利于

42

中共旌德县委文件

旌发〔1983〕111 号

关于鼓励农民承包荒山造林
加快绿化步伐的决定

各乡（镇）党委、政府，村党支部、村民委员会，各国营林场：

我县是一个拥有八十四万亩山场的山区县，由于受"左"的思想影响，绿化进度缓慢，森林复被率低，对国家的贡献少，至今尚有宜林荒山二十一万五千亩。党的十一届三中全会以后，加强了党对林业的领导，端正了山区生产方针，开展"三定"工作，林业建设逐步走上健康发展的轨道。去冬今春，随着林业生产责任制的不断完善，造林贷款合同制的推行，全县出现了大户、联户、联队、乡队联营承包荒山的好势头。全县现有大户承包四户，联户承包九十六户，联队承包四个，乡队联营一个，共承包荒山二万三千一百

《关于鼓励农民承包荒山造林加快绿化步伐的决定》(部分)

搞活山区经济。成林成材以后,既要承担统购派购任务,又要向国家或集体提交一定比例的提留,但收益分成必须坚持让承包者得大头,做到"保证国家的,留足集体的,剩下都是承包者自己的"。

3.要坚持从实际出发,实事求是的原则。只要有利于森林的保护和发展,无论采用哪种形式的承包办法,都应予支持,不搞"一刀切"。

县委、县政府文件一发,旌德县再次掀起承包荒山造林热潮。林业局干部严佩荣、退休干部程坤元、农民蒋平安等115户以个人或个人牵头联户承包开发荒山造林,总面积达8700亩。

1985年,旌德县户营造林13575亩,占全县当年造林总面积的32.2%。1986年7月,省政府召开全省速生丰产林基地建设会议,与会人员150多人参观了陈菊生、程坤元承包的山场。1989年,祥云狭坑、桐坑、泥田、南元村,由村统一规划设计,山场分割到户,统一时间施工,林木谁栽谁有。至1990年,旌德全县户办和联户林场造林44299.5亩。1999—2002年通过山林转让,非公有制营林实体的林地面积超过4.5万亩。

陈菊生造了那么多林,自己没有砍过一棵树卖,后来他把5000多亩山场,无偿地捐献给了蔡家桥国营林场。

谈起当年,陈菊生轻描淡写:"我总是想造一片林山,造一片绿山,这是精神作用。所以,我后来看到那个山,就开心得不得了,这个绿水青山是我亲手造起来的,有我的汗水,心情就特别舒服,靠这个精神,我才活到现在。"

四、林长治林

林长制旌德先行

2017年4月12日,李锦斌书记在安徽省委全面深化改革领导小组第17次会议上强调,要全面实施"河长制",探索实行"林长制"。旌德县深入贯彻落实省委主要领导重要指示,先后四次到省林业厅就推行林长制工作进行汇报,还到江西省武宁县、合肥市林园局学习考察。经省林业厅批准,旌德县先行先试,6月2日率先在全省县级层面出台《关于全面推行林长制的意见》,探索建立责任明确、制度健全、问效追责的森林资源保护与发展体系。

管林、护林、兴林有了"大管家"

旌德设立总林长,坚持党政同责,由县委、县政府主要负责同志担任。建立县级林长制"1+1+6"格局。第一个"1"指国、省、县道森林带,即千万亩森林增长工程建设的国、省、县道两侧50米范围内森林长廊区域;第二个"1"指沿河森林带,即县内主要河流两侧50米范围内森林资源区域;"6"指以主要山脉山脊走向和森林资源分布情况进行区划的大会山、丁家山、玉屏山、龙王山、祥云山、石龟山6个重点森林生态功能区。8个区域管护面积共68.5万余亩,确立了8名县级林长。国、省、县道森林带和沿河森林带,分别由负责交通、水务的副县长任县级林长,发展目标是全带进行保护、修复、提升,因势打造若干标准示范段。其余6个功能区分别由县委书记、县长、县委副书记和另外的副县长担任县级林长,明确发展目标,有的以申报国家森林公园、打造森林旅游康养胜地为目标,有的以提高森林质量和森林涵养水源能力为重点,还有的是以建设木本油料林基地为主旨等。

总林长负责领导、组织全县森林资源保护和发展工作,承担推进林长制的总督导、总调度职责。林长负责组织指导责任区域开展森林资源培育、森林资源保护、森林生态修复、优势产业发展、执法监督管理等工作,制订并组织实施林长制年度计划,并将目标任务分解落实到下一级林长和相关责任单位;对跨行政区域的重点森林生态功能区明确管理责任,协调实行联防联控及综合执法;检查监督下一级林长和相关部门履行职责情况,强化激励问责等。县级林长每年至少 2 次向总林长报告所负责区域推行林长制工作的情况。参照县级林长设置模式,根据镇、村(社区)辖区范围内森林资源分布状况和地形情况,设置镇、村(社区)林长。全县每个镇林长不超过 4 名,每个村(社区)林长不超过 3 名,实现三级林长全覆盖,确保一山一坡、一园一林都有专员专管。

增绿、护绿、用绿有了"靶向标"

旌德县推行林长制把突出"建、管、用"作为主要抓手,围绕增绿增效、管绿护绿、用绿富农三大重点工作任务,在现有林业用地面积 97.7 万亩、森林覆盖率 69.2%、林木绿化率 73.1% 的基础上,力争到 2020 年,全县完成人工造林 1 万亩,更新改造 2 万亩,森林抚育 20 万亩,林农综合收入年增长 12% 以上。

增绿增效上,重点提高森林覆盖率和林木绿化率。将全县绿化指标分派给 8 位县级林长,推进造林绿化,至 2018 年初完成 1467 亩造林任务。结合"三线四边"整治开展风景林、彩色林、村口水口林带建设,打造景观节点,建成彩色森林长廊 95 千米。全面推进森林抚育经营和退化林修复,优化树种混交结构,增强森林综合功能和效益,当年封山育林 1.2 万亩,退化林修复 1 万亩,森林抚育 12 万亩。完成新造林幼林抚育 3.8 万亩次,建成省级森林村庄 30 个。

管绿护绿上,结合推行林长制,探索创新管护机制,以"非法盗挖映山红"专项整治行动为切入点,探索采用植物身份证代码,通过信号发射器,实时传输到信息监测平台,运用信息化、大数据手段进行管理。认真落实森林防火责任制,加强专业扑火队伍和信息化平台建设,落实森林防火专业队 81 支,确保森林火灾受害率控制在 0.5‰以内。完善林业有害生物监测预警检疫制度,建立健全社会化服务体系,成立服务公司 3 家,设立森林病虫害监测点 40 个,林长制探索推行以来,统一开展了 4 次松毛虫防治行动。重点抓好生态护林员队伍建设,制定管理办法,结合精准扶贫,优先选聘属地建档立卡贫困户家庭成员,全县共聘用 170 名生态护林员,其中贫困户家庭成员 130 名,每人月工资约 400 元。

用绿富农上,旌德县要求各级林长根据林权流转的不同方式,重点抓好林农增收"五法":

以林地入股合作社,有效推进"交易平台+风险池+收储中心"机制,成立了江南林交所旌德分中心、林权仲裁机构,建成县林权收储中心。2017 年全县有 26 万亩林地入股 35 个合作社。

发展林下经济,特别是发展林下中药材,全县林下经济 44.6 万亩,产值达 1.6 亿元,其中黄精、白芨等林下中药材种植面积达 4.2 万亩。围绕林地使用权流转,重点抓好灵芝等林下经济特色优势产业发展。

推进全域旅游,明确各级林长的一项重要任务是推进所辖区域核心区创A级以上景区,做到"林区即景区"。玉屏山重点生态功能区悠然谷景区与农户签订协议,约定景区内364亩林地43年不采伐,按每亩1万元一次性付清租金,做到"只要不砍树,就能赚到钱"。

参与森林公园创建,马家溪森林公园整合周边9681亩林地,在不影响既有利益格局的基础上,以保底分红的模式增加农民财产性收入,每年可为当地农民增收近15万元,实现"看看也收钱"。

探索发展碳汇经济,在国有林场先行先试5万—10万亩,预计每年每亩52元(国家配额),按照分配比例,林业经营主体可获得40%的收益,既可带动集体增收、农民致富,又能实现多方共赢、共享发展。

落实林长制"责任链"

旌德县把探索推行林长制纳入县委全面深化改革重点项目列表,由县委主要负责同志牵头调度推进。制定了旌德县林长制联席会议制度、林长工作制度、生态护林员管理办法等8项制度,压紧压实林长制各项工作。

建立工作公示机制。定期发布林长制工作信息,向社会公布林长名单;在林区主要路口和重点地段设立林长公示牌,标明林长职责、林长电话、森林概况和监督电话等,接受社会监督。竖立县级林长公示牌 8 个。

建立工作督察机制。按照"三盯三灯"(县委改革办盯部门、县委督查室盯部门一把手、县纪委书记盯分管县领导,黄灯警示、红灯诫勉、聚光灯下作表态)工作法,依据《旌德县林长制工作督察制度》,分别由林长、林长制办公室、林长联席会议成员单位组织督察,采取明察、暗访、互察及第三方督察方式进行,开展日常督察、专项督察、重点督察,加强对各级林长制实施情况和林长履职情况的督察。督察结果与年度综合目标考核评价挂钩。

建立激励问责机制。制定完善林长制考核评价体系,将林长制纳入目标管理考核,分值为 10 分,考核结果分为 A、B、C 三个等级,作为评价党政领导班子政绩和干部选拔任用的重要依据;森林资源出现负增长、发生重大破坏森林资源事件的,实行一票否决制。对工作突出、成效明显,考核结果为 A 级的,由县委、县政府予以通报表彰;考核结果为 B、C 级的,针对不足敦促整改提升;对考核达不到 C 级或一票否决的,领导班子不得参加年度评奖,并要求在考核结果公告后 10 日内向总林长作出书面报告,提出限期整改工作措施,同时根据《林长制责任追究暂行办法》,对相关单位相关责任人进行问责。

完善林长制配套制度

为使林长制真正落到实处,让"五绿"皆活,旌德县推出了系列创新举措:

一、建立了林权收储担保机制。旌德县抓住推行林长制建设国家林改试验区契机,围绕"盘活森林资源资产,推进林权抵押贷款"这一改革难点,大胆地试。成立林权收储管理领导小组,由县政府、林业局、财政局、金融办相关领导共同组成,组长由分管副县长担任。领导小组办公室设在林业局,林业局局长任办公室主任,林权收储中心负责日常管理工作。2017 年 8 月,旌德县林权收储中心成立,选择县农业银行、县邮政储蓄银行、县建设银行、县农村商业银行等为合作银行。

林权收储中心采用国有资本收储模式,设立收储资本金,县财政收储资本金 500 万元。风险补偿金按不低于每年林权抵押贷款额的 1.5‰,追加给林权收储中心。林权收储资本金以专户存放在合作银行,合作银行放大 10 倍发放林权抵押贷款。利率按同期人民银行基准利率上浮最低比例计算,专户存储利息计入收储资本金。林权抵押贷款用于林业生产的,林业部门为其提供贴息申报服务,贴息额度不低于 3%。

林权收储对象为家庭林场、林业专业合作社、林业大户、林业股份制公司、林业企业等新型经营主体。优先向家庭林场、林业专业合作社提供收储担保,推动资金向林农个人流动,促进林农"三变"。

收储中心主推两大业务。一是与县邮政储蓄银行合作的"助林贷"产品,业务流程为:客户申请→中心初审→银行尽调→出具保函→银行放贷→贷后监管。二是与省农担公司合作开展"五绿兴林·劝耕贷"业务,业务内容为:组织客户基本信息收集录入;对客户进行贷后监管;代偿后提供林权处置服务,逾期抵押林权经处置后收储的由林权收储中心负责经营管理。

国有林权收储中心的组建,有效释放了抵押担保、托底收储、经营保值增值功能,降低了银行业金融机构抵押贷款风险,盘活了森林资源存量,促进了金融支持林业发展机制的完善,打破了林业经营者融资难融资贵的瓶颈,为金融服务林业的发展提供了有力支撑。中心成立 10 个月,林权抵押贷款余额为 1.5 亿元,较上年同期上升 0.3 亿元。其中"五绿兴林·劝耕贷"实现业务乡镇覆盖率 100%,累计担保户数 36 户,担保贷款余额为 0.27 亿元;与邮政储蓄银行合作开展"助林贷"产品,贷款期限为 1—3 年,利息在基准利率上上浮 30%,合作开展业务共计 7 笔,贷款金额为 325 万元。协调化解了 2 笔逾期贷款,贷款额度为 44 万元。通过设立林权收储中心开展林业贷款融资担保,助力新型经营主体发展的同时也带动了地方经济发展,累计扶持发展油茶、香榧、山核桃等木本油料基地 3 万亩,黄精、白芨、灵芝等林下中药材 6.8 万亩。

二、健全生态护林员管理制度。2017 年底,旌德县各村(社区)按照"公开、公正、公平、择优"的原则,根据选聘条件从属地建档立卡的贫困人口中选取身体条件较好,能胜任护林员工作,经公示(7 天)无异议的,报镇级林长审核,县林长制办公室备案。由各村(社区)与生态护林员签订管护合同,做到管护区域四至界线、管护面积、管护责任、管护质量"四明确",实现了纵向到底、横向到边的网格化管理。

由镇政府和林业站根据每月工作重点,通过以会代训、专题学习、现场指导等形式开展林业法律法规、森林防火、病虫害防治和安全知识培训。建立县镇两级生态护林员档案,实行一年一聘和动态管理制度:对年度考核合格并符合选聘条件的续签合同;对年度考核不合格或因中途外出打工等退出的生态护林员,由所在村(社区)及时调整,按程序补充聘用。

建立生态护林员巡护日志制度,要求做到日巡查日记录,将日志记录情况纳入考核,与工资挂钩。推广使用安徽省林长制综合管理平台,指导生态护林员安装使用"林掌"App 开展巡林护林工作。生态护林员劳务补助由基础工资和效益工资两部分组成,基本工资根据管护面积按月通过个人一卡通打卡发放。出台《旌德县生态护林员绩效考核办法》,将生态护林员基本工资和效益工资与考核挂钩,实行月考核和年终考核相结合的方式考评,村(社区)对生态护林员进行月考核,镇政府会同县林业局对生态护林员进行年度考核。以生态护林员基本工资为基数,实行月考核,考核结果报镇政府、林业局、财政局审定后作为每月基本工资发放依据。以每人每年效益工资2000元为基数,年终考核后一次性打卡支付。2022年,全县共聘用178名建档立卡贫困户生态护林员,涉及10个镇,管护林业用地面积89.88万亩,发放护林员工资140余万元。孙村镇碧云村建档立卡贫困户方高峰,2017年12月正式公示上岗,被聘为生态护林员,巡护的是牛山下一整片区域,面积6003.3亩。对区域内非法野外用火,乱捕乱猎野生动物、乱砍滥伐等活动行为进行制止,并上报村级林长和林业站;根据林业部门的要求开展相关法律法规宣传,保护林业各类宣传标牌等;将每天日常巡护情况填写到巡护日志中,每月经行政村审核盖章。月工资500元,全年绩效工资2000元,年收入8000元,发放到涉农补助卡中。方高峰说:"作为一名本地人,我对巡护区域和当地人员情况都比较熟悉,森林资源保护的主要工作就是管人,现在我每天只要在林区巡护一次,把好关键路口,关注外来人员和村里重点人群的动态就基本能做好巡护工作。在森林防火的关键节点,我会向村民们进行宣传和做好扑救准备工作。现在群众的森林资源保护意识增强了,以前上坟或者烧田埂,没有人会说什么,现在不要我说,大家都相互关照'要注意,别犯错误'。盗伐、滥伐的少了,到林业站办理林木采伐许可证,拿到采伐证才进行采伐成了习惯。"

三、运用"智慧+"开展珍贵野生植物智能管理。探索运用"智慧+珍贵野生植物管理"现代林业新型管护模式。通过与科技公司共同制订保护方案和研发管理系统,旌德县在马家溪森林公园和大会山重点生态功能区野生映山红分布集中区域,选择部分野生映山红和华东楠植株,率先运用"智慧+"技术手段,采用植物身份证代码,建设珍贵野生植物智能管理系统试点。通过野外利用太阳能板为室处阅读器供电,建立基站,对单株野生映山红植入有源 RFID(射频识别)芯片,经过基站读取区域内珍贵野生植物体内芯片后,实现电脑或手机端后台管理系统精准定位、远距离管理,适时掌握珍贵野生植物保护情况。一旦 RFID 芯片遭到移动或破坏,后台管理系统就会立刻显示,森林公安可以根据相关基站的轨迹记录和天网监控系统立即开展侦察。全县共试点建设基站 4 个,其中 3 个基站为野生映山红监测点,共监测野生映山红 87 株;1 个基站为华东楠监测点,共监测华东楠 27 株。

四、在全国率先启用林长制信息管理平台。2018 年下半年,旌德县借助信息化、大数据、云平台等手段,在全国率先启用由安徽天立泰科技公司与旌德县林业局联合研发的首个林长制智慧信息管理平台,推进林长制改革的"智慧升级"。

全国绿化模范单位(县、市、区、旗)奖牌

旌德县林长制信息管理平台采用高分遥感影像监测域内森林资源的动态变化,通过物联网感知、"互联网+"云平台、可视化互动等方式,以林地一张图及森林资源数据为本底,网格化各级林长管理责任区域,实现森林资源管护、应急灾害防控、林业产业发展、林权信息公开等业务拓展,实行高效率、高精度监测和管理绩效评估。明晰林长制"责任一张图",按照林长的层级关系,构建目标明确、职责清晰、上下衔接、动态管理的责任制。

旌德县通过林长制改革,完成了全国绿化模范县创建,着力打造旌德的绿色空间样板、产业样板、制度样板和文化样板,为安徽省林长制交出了一张令人满意的绿色答卷。

全国第一批"绿水青山就是金山银山"实践创新基地

旌德是皖南唯一没有下过酸雨的绿色县城，先后被纳入国家重点生态功能区，获批国家生态县、全国创建生态文明典范城市和国家林下经济示范基地。2017年9月，旌德县被命名为全国第一批"绿水青山就是金山银山"实践创新基地。2017年，实现林业总产值25.7亿元，林下经济总产值1.6亿元。

2019年5月19日，在习近平生态文明思想确立一周年之际，经中宣部批准，中宣部理论局与生态环境部宣传教育司、环境与经济政策研究中心在北京联合举办了深入学习贯彻习近平生态文明思想研讨会。旌德县总林长、县委主要负责同志作为践行"两山"理论的先进代表在研讨会上做典型交流：林长制，林长治——这是一个县级总林长的绿色发声。

"林长制，林长治"，这句旌德县的首发声，现已成为绿色安徽的流行语。

2024 年 5 月 9 日,《中国绿色时报》刊载了《林长制改革的旌德经验》:

宣城市旌德县位于皖南腹地,是典型的山区小县,山清水秀、生态优良,是皖南国际文化旅游示范区的核心区。2017 年,该县率先在县级层面推行林长制改革,在机制管绿、质量增绿、创新护绿、产业用绿、金融活绿等方面齐头并进,林长制工作走在了全省前列。

自推行林长制改革以来,旌德县先后被确定为全省林长制改革示范区先行区、全国森林经营试点单位和安徽省林长制国元护林保示范区,探索生态资源受益权制度成为全省唯一入选国家林草局《林业改革发展典型案例(第二批)》。近日,安徽省林长办将在《林长治林·起源编》中总结回顾其林长制工作经验做法。

以机制为根本　凝聚管绿合力

旌德县先后制定《关于全面推行林长制的意见(试行)》《关于深化新一轮林长制改革的实施意见》,成立林长制改革工作领导小组,设立县镇村三级林长 248 名,细化各级林长职责。按照网格化管理要求,健全完善一林一长、一林一员、一林一策、一林一技、一林一警、一林一档等"六个一"机制,真正做到山坡草木有专人管理。

根据县内森林资源分布状况和地形情况,构建涵盖国省县道森林带、沿河森林带、6 个重点森林生态功能区以及各森林区域的"1+1+6+N"林长制体系,重点围绕生态保护修复、建设木本油料林基地、发展森林康养旅游等目标,因地制宜确定各自区域目标和发展定位。

为凝聚管绿合力,旌德县建立了 25 个县直单位参加的林长制联席会议制度,围绕预定目标,开展定期调度,着力形成上下联动、部门联动的齐抓共管格局。同时,坚持日常督查和专项督查相结合,探索由县委改革办盯部门、县委督查室盯部门一把手、县纪委书记盯分管县领导,黄灯警示、红灯诫勉、聚光灯下作表态的"三盯三灯"工作法,确保林长制改革落到实处、取得实效。

目前,林长制改革已被纳入县委全面深化重点改革项目,并纳入政府目标管理考核,考核结果作为评价党政领导班子政绩和干部选拔任用的重要依据。

以质量为基础　深挖增绿潜力

旌德县成立实施林业增绿增效行动领导小组,建立政府引导带动、社会广泛参与的双向投入机制,重点加大对木本油料造林、森林抚育经营、"三线四边"绿化提升等项目的扶持力度。

充分发挥林业改革发展、生态恢复保护等项目资金的撬动作用,引导广大林业新型经营主体参与造林绿化。结合特色小镇建设和美丽乡村建设,深入实施"四旁四边四创"国土绿化提升行动,见缝插绿,不断提升绿化档次和水平。

目前,全县10个镇全部创成省级森林城镇,已创建53个省级森林村庄,约占全县68个村(社区)的77.9%。

一手抓造林,一手抓育林。旌德县重点实施长江防护林、欧洲投资银行贷款项目等国家林业重点生态工程,积极推行义务植树"认种认养"模式,累计完成人工造林13757.3亩。同时,大力实施森林质量提升行动,全面加强新造林和未成林的抚育管理,加大重点生态功能区、生态脆弱区的森林生态修复力度,累计实施封山育林12.47万亩、退化林修复3.39万亩、森林抚育28.5万亩。

以创新为抓手 强化护绿能力

严守生态保护红线,严格林地征占用审核。旌德县实施林地定额管理,加大森林生态修复力度,推行森林生态效益补偿机制。目前,共落实天然林禁止商业性采伐8.845万亩,发放停伐补助资金1074.2855万元。

严格落实防火责任,加强林业有害生物监测预警、防治服务、检疫执法规范化建设。

为推行网格精细化管理,聘请68名老党员老干部担任民间林长,形成以村级林长、民间林长、生态护林员为主体的"两长一员"管理新模式。成立县镇村三级41支护林队,聘用生态护林员180名,加强联防联动,强化安全巡护。对全县128棵古树名木开展调查,"一树一策"量身定制管护方案。

此外,制定出台《政法部门护航"两山"基地建设十二条》,探索推行"刑事惩治+生态赔偿"生态检查模式,持续开展"守护餐桌""春雷行动""护鸟行动"等专项行动。制定举报奖励办法,广泛发动群众提供案件线索。全县共立案查处涉林行政案件255起、刑事案件30起。

以产业为导向　提升用绿效力

出台《关于加快林业特色产业发展的实施意见》，整合林业、农业、乡村振兴、经信等部门项目资金 2300 万元，大力扶持发展灵芝、黄精等林下经济和香榧、油茶等木本粮油特色林业产业。

目前，全县林下种植黄精、灵芝 6.5 万亩，木本油料林 3.2 万亩。

引导经营主体整合分散林地，采取"公司＋基地＋林农"模式，建立林地变股权、林农当股东、收益有分红机制，用活"林农增收五法"，带动林农增收 3604 万元。

大力实施绿色品牌战略。鼓励涉林企业积极申报绿色产品、有机食品认定认证。审定黄精、灵芝新品种 5 个，4 个产品获国家森林生态标志产品认证，"旌德灵芝"获得国家地理标志商标认证；已创建国家林下经济示范基地 2 个、省十大皖药示范基地 6 个、省级现代林业示范区 2 个、安徽省森林康养基地 1 个。

强化林区即景区理念。依托林下经济基地，发展森林旅游，延长林业产业链，实现"看看也来钱"。2023 年，全县林业产业总产值达 39.4 亿元。

以金融为支撑 激发活绿动力

以促农增收为核心,在全省率先发放林地经营权证,成立全省首家"两山银行"并颁发全国首本"生态资源受益权证"。目前,全县"两山银行"试点村 14 个,颁发"生态资源受益权证" 2804 户,股份制经营林地 2.27 万亩,入股农户受益 622.37 万元。

县政府出资 500 万元,按照资本金 1∶10 放大,注册成立国有性质的林权收储中心。建立"检察+碳汇认购"生态检察机制,已办理 2 起滥伐林木案,当事人支付 7.3 万余元认购经核证的碳汇 1534 吨用于替代生态环境损害修复。

与省农担公司合作,率先在全省试点推行"五绿兴林·劝耕贷",为经营主体担保贷款 70 笔,5025 万元。协调化解 2 笔逾期贷款 44 万元,开展林权收储业务 1 笔,84.67 万元,县建行开展公益林补偿收益权质押贷款 1 笔,51.9 万元。

推行林长制改革以来,旌德县提升了林业治理效能。与改革前相比,全县林地面积增至 98.4 万亩,活立木蓄积量增至 502 万立方米,森林覆盖率提高到 69.2%,林木绿化率提高到

73.1%,成为全国第一批"绿水青山就是金山银山"实践创新基地建设、第六批国家生态文明建设示范区。

马家溪森林公园有个"姜林长"

马家溪森林公园位于旌德县庙首林场马家溪工区。工区因一条流淌了千万年的马家溪而得名。这条溪为旌德玉水河最大的一条支流,发源于黄高峰,纵贯公园南北,蜿蜒 10 余公里。

马家溪森林公园面积 942 公顷,崇山青翠,植被繁茂,森林覆盖率达 90%,山幽、水秀、树美,每立方厘米负氧离子含量高达 17 万个,被视为"天然氧吧""洗肺工厂"。

庙首林场坐落于庙首镇东山村 205 国道边。国有庙首林场成立于 1959 年,是首批公布的全国 104 个森林经营示范国有林场之一,还是全国森林资源可持续经营试点单位,经营总面积 5.3 万亩。

旌德县实行林长制后,作为林场场长的姜育龙成为公园首个村级林长。姜育龙 1986 年 7 月从安徽农学院农学系毕业分配到庙首林场,一干就快40年了。当时的庙首林场林区交通条件差,山高路远,一上工区就要行走几十里,姜育龙一个月要爬山20多天。环境恶劣,生活艰苦,许多人熬不住,纷纷打起了退堂鼓,找关系托人情从林场调离。造林的、护林的换了一茬又一茬,姜育龙却与大山渐渐产生了感情,慢慢静下心来适应林场的工作与环境。2009年7月,姜育龙被任命为庙首林场场长,当时正处在林木生产成本大幅提升,利润骤减,人员工资快速提升阶段,依赖木材生产维持的林场大部分处于举步维艰的大环境中。姜育龙与班子成员探求林场发展的新路子,给林场拟定了发展规划:改善森林树种,走科技兴林之路。他们将目光锁定南方红豆杉等珍稀树种的培育,建成全国标准化示范基地,由他负责起草的《南方红豆杉用材林造林技术规程》作为安徽省地方标准予以实施。

2017年6月2日,旌德县在全省率先推行林长制,姜育龙有了新职责——"护绿、管绿、增绿、活绿、用绿"。"护绿、管绿、增绿"是姜育龙的老本行,他对马家溪里的一山一谷、一沟一壑、一石一路、一树一木都了如指掌,可"活绿、用绿"对他来讲是新内容、新课题。林长制推行后,作为林长的姜育龙以创建国家森林公园为抓手,推进国有林场的转型发展。国家级森林公园面积需林地3万亩以上,当时庙首林场马家溪林区自有林地只有2万多亩,需对周边农民林地进行整合。以前,马家溪林区里住了5户村民,林场通过买断村民茶叶林、房屋等办法,花了 8 年时间才将他们逐步迁出林区。现在需整合的林地涉及孙村、庙首、版书、白地 4 个镇的 4 个村 1067 户,这个工作听起来就让曾经从事过迁移动员的职工头皮发麻。可林长制推行后,姜育龙通过县级总林长协调,只用了两个多月就整合了9681 亩林地,将马家溪森林公园申报国家级森林公园。姜育龙采取的新办法是"保底分红"模式,整合周边农户的 9681 亩林地进行抚育保护,让周边上百户林农以山场入股,每年可为当地农民增收 15万元。版书镇版书村 57 户农户流转 4938 亩林地入股马家溪森林公园,农户每年人均获得 200 元左右的生态补偿效益,未来还有分红的收益。姜育龙还在全县统一部署下,运用"智慧+"开展珍贵野生植物保护工作,采用有源 RFID 芯片和基站相互感应技术,给珍贵植物安装上"身份证",让野生植物资源得到良好保护。

马家溪森林公园现已改变了国有林场"一根木头撑天下"的局面,实现了"看看也收钱"的美好愿景,森林覆盖率高达 90.8%。公园里现有植物 1235 种,木本植物 370 多种,其中国家一级保护野生植物 6 种。它们将马家溪构筑成一望无际的绿色海洋。马家溪森林公园每个季节都有不同的景致,鸟语花香,碧水潺潺,山峰叠翠。公园入口,一块巨大的石头上写着森林公园的名字,石头背后的水杉林中安装有电子屏,实时显示负氧离子浓度。姜育龙说:"通过林长制改革,马家溪森林公园的主要功能从伐木获取经济效益向生态修

马家溪森林公园入口(旌德县林业局　供图)

复、自然保护转变。"

2021年8月24日,旌德县庙首林场与司尔特肥业股份有限公司签下安徽省首笔林业碳汇交易,以14.57万元出售林场3036吨二氧化碳排放权。同年12月30日,庙首林场又向当地两家石材企业出售了7275吨二氧化碳排放权。

交易的背后,对旌德县而言,是落实"碳达峰、碳中和"目标的具体实践;对庙首林场来说,将空气"变现",产生的资金可反哺林场,用于森林管护生态建设,一举多得。

所谓林业碳汇,就是通过实施造林、再造林、森林管理和减少毁林等活动,吸收大气中的二氧化碳并将其固定在植被或土壤中,从而减少温室气体在大气中的浓度。在林业碳汇交易中,企业是排碳方,属于买方;林场是固碳方,属于卖方。碳汇交易就是利用树木光合作用吸收二氧化碳释放氧气的过程,实现碳减排。所减排的碳量用于市场交易,实现碳中和,换句话说就是生态补偿。

除了林场场长的职务,自首笔碳汇交易完成后,姜育龙又多了一重身份:"卖碳翁"。在他看来,"林业碳汇是实现'双碳'目标的重要方式,不仅可以调动社会企业参与造林育林的积极性,还可以鼓励企业推行低碳生产,是一条生态优先、绿色发展的新路子"。

马家溪森林公园(旌德县林业局　供图)

虽然碳汇交易在安徽刚刚起步,但姜育龙认为,它已经慢慢步入正轨。庙首林场总面积53481亩,其中大部分以乔木林为主,树木固碳能力正处于高峰期,林场经具备林业碳汇核准资质的第三方机构审定与核证,开发林业碳汇10331吨,林业碳汇交易前景可观。

"活绿"林长江五四

旌德县白地镇汪村村支书江五四,是位出色的村级林长。

白地镇汪村地处神秘的北纬30°黄山东大门,东有大会山,南有铁帽山,西有千亩茶园羊山,玉水河穿村而过,受黄山小气候影响,生态环境优越,特别适宜中草药种植。自实施林长制以来,江五四不仅在"护绿""管绿"上做文章,加强古树名木保护,让村里的野生动物越来越多、河道越来越干净,而且积极利用汪村突出的生态优势,发展特色农业产业,打造农旅生态长廊。

江五四引导村民、支持能人,发展林下经济,努力将特色资源发展为优势产业。旌德千亩草源生态农业开发有限公司总经理张文革就是这样的能人。张文革2000年开始以收购中药材为业。2006年前后,中药材收购从业人员多了,行业发展出现饱和状态,促使张文革思考新的发展路子。一次,张文革在和亳州朋友聊天时,朋友的话启发了他:"现在中药材野生资源越来越少,如果谁能将野生中草药驯化(人工种植)好,将来前景那可不得了!"说者无心,听者有意。张文革知道自己所在的汪村白芨、重楼、黄精较多,市场需求量也较大,于是开始将这三种草药"驯化",从事名贵药材"野生变家种"种植业。当时,白地镇还没有人驯化过白芨、重楼、黄精,这些药材还都是野生。张文革租了5亩田开始尝试,因资金、田地等因素制约,种植一直没有形成规模。2017年实行林长制后,宛如春风润万物。曾经,张文革想与附近的香榧基地合作,林下种植中草药,却没

千亩草源黄精种植基地(江建兴　摄)

人愿意。现在,林长江五四不仅帮助张文革解决了林地流转、使用权归属等难题,还协调多家香榧基地与他合作套种中药材。丰谷家庭林场黄国忠就租出去 400 亩进行林业经营。如今,张文革流转土地 1740 亩,进行中药材种子资源驯化,先后对多花黄精、紫花三叉白芨、覆盆子、华重楼等十多种中药材进行研究与推广,填补了宣城市及周边市场这些珍稀药材规模种植的空白。张文革在此基础上成立了安徽千亩草源生态农业开发有限公司,带动白地镇境内 5 家中药材种植合作社的发展。在张文革的示范带动下,合作社内 106 户村民发展林下生态,种植中药材 300 亩,平均亩产达 2250 千克,一亩地利润 30 万元左右。社内 106 户村民参与林下种植中药材 1000 多亩,一年收入 200 多万元,户均收入 1 万元,真正实现了"不砍树也能致富"。张文革领头的天毛山中草药合作社获得宣城市"2018 年度产业脱贫优秀企业"称号,林下基地吸引了全国各地高校、科研院所、种植大户前来参观、学习。如今,千亩草源公司还与江苏客商合资办起了中药材加工厂,实现了中药材种植、加工一体化的梦想。

汪村有个叫吴银生的贫困户,孤身一人,以前母亲长年患病卧床,导致生活贫困,没有成家。一个人过日子,他变得有点懒了,把田地租给人家种,不睡到日晒三竿不起床,过着"干一天有一天""一人吃饱全家不饿"的生活。吴银生高中毕业,父亲是上山挖草药给人看病的"郎中",他从小就对中草药有兴趣,偶尔上山挖点药材,每年赚个 4000 多元钱过年。可自从实施林长制后,村规民约不许私自上山挖野生中药材了。吴银生在张文革的劝说下,参加了天毛山中草药种植专业合作社,种了 9 亩地 3 个品种的中药材,每天天刚亮就到地里拔草,年收入 5 万多元。吴银生买了三轮车,用上了平板电脑,日子过得越来越好。他说:"打心里感谢张文革。"林长江五四就是将产业发展与精准扶贫紧密结合、发挥林业能人的作用、带动贫困户就业、带动村民致富的功臣。

　　白地镇汪村发展林下经济,就是在不砍树的情况下种植名贵药材,这是从"砍树"向"看树"的转变,既保护了林区生态平衡,也有助于中草药等种植作物品质的提升。江五四说:"林长制推行后,村里的发展理念改变了,那就是靠山不吃山,而是吃大山的生态。小康不小康,生态环境质量是关键,林长制指引大家走上可持续发展之路。"如今,在汪村沿 205 国道已经形成了鹊岭白茶、十亩田间、家堡葡萄、天毛山中草药连片的林旅生态长廊。那里,白芨花开,白茶飘香。千亩草源黄精林下经济示范基地里,翠绿的药材苗挺立,白芨、黄精和重楼等名贵中药材生机盎然。良好的生态让汪村古老的农耕梯田容颜焕发,每到春夏之交,雨后的汪村梯田、农舍在层叠的青山簇拥下云海涌动,如梦似幻,这样的镜头多次登上央视和人民网。林长制让汪村插上了翅膀,飞向了远方,吸引了众多游客前来打卡。

林长制　林长治

旌德县将林长制改革与脱贫攻坚、乡村振兴有机结合,在统筹实施生态保护修复、造林绿化攻坚、森林质量提升、绿色产业富民方面取得了明显成效。

时任旌德县白地镇党委书记、镇级林长柴长宏是林长制工作的积极践行者,他深有感触地说:"过去,我们靠砍树为生,现在不砍树,镇里的山管护变得更勤了,生态环境变得更美了,林子变得更值钱了,实现了森林增长、林业增效、林农增收。"推行林长制仅一年,白地镇实现林业产值2.5亿元,为310多家农户提供工作岗位,带动了1100余户林农增收1500万元。

2017年还在兴隆镇当党委书记、镇级林长的金新木回忆说:"林长制带来的变化主要在于,护林责任更明确,守林效果更明显,一草

悠然谷生态旅游度假村（江建兴 摄）

一木都有自己的主人。兴隆镇有 9000 多亩森林资源,过去,村民坐拥生态富矿,却一度陷入贫困。特别是三峰村,毗邻黄山区,风景优美,自然资源丰富,却是省级贫困村。为了改变贫困状况,三峰村积极探索发展新路,利用生态优势引进江苏客商顾雪丰租赁山地创办悠然谷生态旅游度假村,使集体和农户共同受益。实行林长制以后,三峰村发生了翻天覆地的变化,2017 年村集体经济收入达到29.1 万元,所有贫困户脱贫,村庄整村脱贫出列。过去的省级贫困村,一跃成为省级美好乡村。"

在旌德县,总林长抓指挥协调、区域性林长抓督促调度、功能区林长抓特色、乡村林长抓落地,多部门齐心协力,上下级协调联动,优化了林业发展政策环境,啃下了不少硬骨头,解决了一些积年难题,办成了许多过去想办没办成的大事,有效增强了林业发展内生动力。

2013年,旌德县白地镇高甲村林业大户黄国忠流转了400亩山场种香榧,山上连条像样的路都没有,苗木、肥料进山,日常林木管护,香榧果的外运、销售,样样都不方便。一条林道,让黄国忠望"山"兴叹。

第二年,黄国忠自掏腰包,投资20万元,修了4.5千米的土路,"路有了,但太窄,没硬化,还打滑"。

2018年,听说时任村党总支书记倪德田兼任了村林长,黄国忠找到他:"修建林道的事,能不能帮忙支个招?"黄国忠的难处,倪德田都理解,可村里上哪儿找这一大笔资金?镇里召开林长调度会时,他把情况反映给了白地镇党委书记、镇级林长朱远。

朱远详细了解情况后,很快联系县林业、财政、文旅、交通运输等部门。不久,相关县直部门召开林长会议商讨。会上,讨论热烈:"黄国忠流转的香榧林在半山腰,山上住着30多户村民,还有附近村民承包的近3000亩林场,路通了,方便的是全村村民。""修好林道有助于林产业发展。有的地方因为道路不通,林产品从山上运下来,'豆腐盘成了肉价钱',企业不愿投资,林农也得不到实惠。"

达成共识,马上就办。结合"四好农村路"建设项目,2018 年 6 月,镇上从相关县直部门申请到 80 多万元资金。两个月后,一条 2.4 千米的硬化林道修通。2020 年 8 月,镇上又通过农村道路扩面延伸建设项目,对剩余 2.1 千米的林道进行硬化。

如今,看着全硬化的林道和两旁加装的防护栏,黄国忠笑眯了眼;而对村里不少林农来说,上山管护山林、搬运苗木,也比以前安全、方便得多。

"过去,林道修建被视为林业部门的事儿;现在,多个部门通过林长会议制度拧成一股绳,共同破解林业发展难题。"已在宣城市住建局任副局长的朱远深有感触地说。

曾任旌德县俞村镇党委书记、镇级林长的张卫民,从 2017 年 6 月开始,辖区 2.3 万亩林地便交到了他的手上。这既是权力,更是沉甸甸的责任重担。张卫民说:"与以往林业部门牵头,镇上分管领导管理的管绿护绿方式不同,现在是党委政府积极参与,重点关注,在管绿护绿的基础上,还发挥出森林的生态效益。"

旌德县实施"一林一策",张卫民拿丁家山省级现代林业示范区举例说,示范区面积 12078 亩,其中核心区 5487 亩(山地健身休闲区、茶文化休闲体验区、林下种植区),生态保育区 6591 亩,由旌德县桥埠丁家山生态旅游开发有限公司负责建设,采用"公司+合作社+农户"的经营模式。项目建设以"两山理论"为基础,发展林业特色产业,推进脱贫攻坚,充分发挥示范带头作用。

示范区县级林长制区域属于丁家山重点生态功能区,镇级属于云台山森林区域,村级属于浣溪水库区域。在建立县乡村三级林长的基础上,将林长制向村民组和农户延伸,纳入各村村规民约,村民组组长是该组山场管护的第一责任人,每个林权证的持有人是该山头的管护责任人,每株古树名木按照属地管理和所有者权益落实管护职责,真正做到一山一坡、一园一林、一树一木都有专人管护。

2017 年,公司流转的山林为浣溪河水库区域 6 个村民组 177 户676 人所有,公司整合 5677 亩公益林,流转到集体公司建设省级现代林业示范区,仅花了 1 个月时间,这是村民用实际行动在支持"林长制"。

公司中标租金每亩每年 15 元,流转期限 5 年,按照协议分成比例,20%归村级集体经济组织收益,80%归林农收益。林农每年可增收 6.8 万元,5 年共增收 34 万元。

以现代林业示范区建设为契机,集中优势资源发展一批优质高产的林下经济产业,建设一些香榧种植基地及森林旅游示范基地。示范区建设以来,种植黄精 500 亩,修复种植杨桐 1000 亩,改造茶园60 亩。

通过公益林补助、股份分红、护林员收入及在示范区劳务等方式获得报酬,增加林农收入,带动周边农户就业,每年为林农增收达30.3万元。其中每年发放公益林补助资金8.9万元,股份分红林农每年可增收6.8万元;聘用2名贫困户为生态护林员,每年发放护林工资1.6万元;项目建设涉及20多户农户务工,每年约40个工作日,工资130元每天,每年发放工资13万元。

"老百姓得到了实在的利益,对管绿护绿工作也都更支持了。"

俞村村办林场龙王尖等地,当时有720亩需主伐更新的山场,村级林长与曾经在桥埠林业站工作过的冯卫东签订了经营权转让协议:冯卫东租用山场50年种植香榧,前30年租金一次性支付村集体80多万元,后20年每年租金增加5万元,届时支付。2020年香榧开始陆续挂果,每年产鲜果1.5万千克,由于基地采用绿色种植,香榧品质优良,"金石印"香榧每千克售价达140元。2022年起,冯卫东还在香榧基地套种了两三百亩黄精。基地每年为当地农户增加收入30多万元。去年,镇村两级林长向县交运部门申请改善基地道路项目业已立项,2.3千米的林区道路硬化指日可待。目前,俞村镇已发展香榧3000多亩,获得了"安徽省香榧之乡"称号。

俞村镇凫阳村乌岭沟白云山海拔近千米,常年云雾缭绕,生产的茶叶品质为旌德翘楚。村里引进客商黄天伟创办了乌岭沟生态农业公司发展茶叶生产,流转山场2000亩。为保护好白云山良好的生态环境,镇村两级林长和企业达成共识,建设基地时不搞一刀光,人工挖山,保留下数千株野生杜鹃花。茶叶种植之后,镇林长与农业主管部门一道对接省茶科所,帮助制订茶叶种植标准和制作标准。2019 年,俞村镇林长和芳岱村林长共同协调,使得长 4 千米的茶山公路如期建成。白云山茶园采茶季正值杜鹃花开,茶香迷漫的白云山杜鹃在云雾中娇艳的姿容,每年都吸引着络绎不绝的游人上山打卡,白云山茶园成了远近闻名的"仙境茶园"。

坠入杜鹃花海的白云山茶园(江建兴　摄)

庙首镇里仁村是旌德县大办社队林场的老典型,全村 493 户 1933 人,山场 1.4 万亩,森林覆盖率 71%。随着商品林的更新换代,如何盘活这些急需更新换代的山场资源,是摆在镇、村两级林长面前的重点课题。2017 年,村里通过招商引进了浙江老板储立新,从 160 户农户手中流转了 5000 亩山场种植白茶,租期 50 年,每年每亩租金 80 元,一年一付;从村集体租赁 800 亩山场,租期 42 年,56 万元租金一次付清;租用里仁村集体 160 万元的厂房,每年租金 9.5 万元。储立新的咏翠白茶公司,年产白茶 6500 千克,每年支付村民劳

里仁咏翠白茶公司茶园(汤道云 摄)

务收入 70 万元。

里仁村的优质生态吸引了北京商人张银龙到村里来种灵芝，2021 年 3 月，张银龙租赁山场 1200 亩，人工种植灵芝 100 亩，仿野生种植灵芝 300 亩，营造灵芝用材麻栎 700 多亩。张银龙的北纬三十度灵芝公司，山场租金 90 元每亩，一年一付，每 10 年增长 10%。

除此之外，里仁村姜军荣租用山场 600 亩种茶。程林办的竹器厂，每天用竹 2.5 万千克，平均每户毛竹收入 1000 元。村中还有家庭农场种植香榧 200 亩、油茶 500 亩等林业业态。

拥有 3000 亩山场的南塘村民组，75 户 309 人，一半山场流转给了村集体，2008 年至今，农户人均分红 5 万元。

护绿、用绿、活绿，让里仁村民富村强，村民年人均收入 2.6 万元。2022 年，里仁村集体收入逾百万元，2023 年达 155 万元，跨入"宣城市集体经济收入十强村"行列。

旌德县白地镇高甲村是全省集体林权制度"三权分置"和"三变"改革村。

高甲村位于白地镇西南，东与绩溪接壤，南与歙县相连，西与黄山区相邻，辖 13 个村民组，总人口 1810 人，土地面积 41613 亩，林地面积 36577 亩，其中公益林 17411 亩、商品林 19166 亩，林木资源十分丰富。早在 20 世纪 70 年代大办乡村林场时，就成立了高甲村林场，全村积极投工投劳，开展植树造林活动。到 90 年代，高甲村林场效益日益凸显,集体经济日益壮大,成为全省集体林场的一面旗帜,多次受到省、市林业部门的表彰奖励,村民倪素珍荣获"全国三八绿色奖章"。

2018年,高甲村两委班子认真贯彻执行省市县林业部门的政策部署,积极探索股权制度改革,把"抓股改、促三变"作为集体增收、农民致富的新途径。高甲村对全村17411亩生态林和集体商品林等进行折股量化,按照"分股不分山、分利不分林"的原则,执行"生不增、死不减"、股权终身不变的静态管理方式,每年对林业资源产生的效益按1795股进行分红。2018年底,高甲村集体分红35.9万元,每位股民拿到了200元的分红,享受了集体林权制度"三变"改革带来的红利。

"林长制"实行以来,旌德县秉持"绿水青山就是金山银山"的理念,保护生态的同时,想方设法让老百姓能够吃"生态饭",让老百姓不砍树也能致富。

青山银行富山村

　　旌德县在深化林长制改革进程中,探索以市场的逻辑、资本的力量推进林业高质量发展,借鉴银行分散式输入、集中式输出模式,将碎片化的林地进行规模化的收储、专业化的整合、市场化的运作,2021年8月10日,在旌阳镇柳溪村成立了安徽省首家"两山银行",先行试发首张"生态资源受益权证"。

　　"两山银行"不是传统意义上的商业银行,而是一个交易平台,建设目的是让生态资源变成百姓红利,使山水林田湖草等生态资源在开发利用、环境保护等过程中实现价值提升。

　　"两山银行"探索如何把资源变资产,再把资产变成资本和财富,通过专业的金融运作,盘活农村闲置资源,着力解决农村产权拓展、转化的"堵点"问题,破解金融助力乡村振兴过程中,农户、村级

柳溪村茶园(朱学文　摄)

经济合作社、新型经营主体抵押难、授信难、贷款难的问题,助力集体和农民增收,最终实现生态资源赋能乡村振兴。

首创"两山银行"的旌阳镇柳溪村,全村山场面积 9105 亩,可养水面 217 亩。2016 年以前,柳溪村是典型的集体经济倒挂空壳村,村集体收入不到 3 万元。农户们守着家门口的山场资源,却苦于无法"变现"。

村里既没有集体林场也没有固定资产,还拖欠离任村干部多年的工资。林长制深化改革后,村两委和村民代表们下定决心发展产业,赴浙江安吉等地学习经验,决定成立"两山银行"。

柳溪村充分利用土地确权工作成果,积极盘活村集体资产、资源,将分散在农户手里的山、水、林、草等资源进行规模化"打包",9个村民组211户农户2024亩林地入股村合作社,通过股份合作、发包租赁、委托运营、服务创收等多种形式发展壮大村集体经济。村里将流转的2276亩农户林地,引进宁国詹氏集团合作发展种植香榧1000亩,引进浙江客商种植白茶1150亩,并将荒山流转给大户种植果树。企业按照每亩每年80元计算,首轮付给村集体10年租金161.192万元,村集体和农户按1:9分成,农户收益145.728万元,村集体收益16.192万元。村集体经济收入由4年前的不到3万元发展到2020年的54.7万元,寻找出了一条符合自身发展的乡村振兴之路。此外,香榧和白茶基地每年带给全村务工收入350万元,解决了230人务工问题。

柳溪村村民杨雪松说:"我家20多亩山场自分到我手里有40年了,基本上没产生什么收益。通过'两山银行''零存整取',我一次性获得补偿性收入16000多元。"

截至2024年,柳溪村已流转林地4600亩,打造了占地2000余亩的白茶、香榧、果园基地。2023年,柳溪村集体经营性收入达到了111.7万元,实现三年翻一番,已从"空壳村"转变成"产业村"。

柳溪村向村民发放"生态资源受益权证"

截至 2023 年底,旌德县推行"两山银行"至 6 个镇 14 个村,实施股份制经营林地面积 2.27 万亩,核发"生态资源受益权证"2804 户,鼓励村民发展香榧、油茶等林业产业,入股农户受益 622.37 万元。

旌德县三溪镇路西村,不负青山,点绿成金。

青砖黛瓦的院落与绿色自然的风光相映成趣,宽敞洁净的道路绕村蜿蜒,千亩"空中茶园"青翠欲滴。从少人问津的农家小山村到游人如织的国家 AAA 级景区,从一穷二白到旌德县"绿水青山就是金山银山"实践创新基地样板村。

从春到夏,漫步路西,目光所及之处,是一望无际的绿色。空气清新,河水清澈见底。村庄干净得见不到垃圾,彩色步道两侧山花烂漫。游客们在四季的美景中流连忘返。

2015年,三溪镇路西村在充分尊重民意的基础下编制了多规合一的村庄规划,对村庄的生产、生态、生活"三生融合"进行合理布局规划。针对农村人居环境突出问题,按照"干净、整洁、有序、自然、和谐"的目标要求,实施危房改造214户,深入开展"五清一改"村庄清洁行动,清理陈年垃圾100吨,设立村级垃圾收集点9处,实现农村垃圾"村收集、镇转运、县处理"模式。围绕农村环境"三大革命",路西村完成农村卫生改厕430户,其中中心村卫生改厕120户,建造路西旅游公厕3处,全村无害化卫生厕所普及率达98%,投入80余万元建成两处污水处理设施并正常运转。

旌德县境内最大的河流徽水河流淌到三溪镇路西村,河面逐渐宽广起来。为防止河水淹没田园,元代农学家王祯,在旌德当县尹时就指导百姓筑堤拦水,留下了一条用土堆起来的河堤,上面生长了200余棵三角枫、女贞等古树,当地人称之为"木竹埂"。三四千米的古埂上树竹根系相连,手臂相挽,姿态各异,葱茏幽静。历史上,旌德县的筏运历史就是在路西向芜湖延展出去的。

路西村实施了徽水河河道清淤工程,提升了河道引排能力,改善了村域内水环境质量,河清水静,不仅增加了村庄的颜值,还增添了村庄的灵动之气。在整治沿河荒滩的同时,补植了近万平方米的草坪、百株桃树,铺设了 1100 米的鹅卵石步行小道、800 米沿河休闲步道。通过美丽乡村建设,路西村实现了 100% 的村民饮用水安全、100% 的村内道路硬化、90% 的公共照明设施齐全的目标,完成了全村 4G 网络、光纤宽带全覆盖和全村电气化的愿望。

人在改变环境,环境也在改变人。"现在环境这么好,村里人都自觉维护。"村民们说。以往乱搭乱建、乱堆乱放的陋习大伙主动摒弃,都形成了良好的卫生习惯,用行动维护美丽成果。

路西村既塑绿水青山之"形",也铸乡村文明之"魂"。路西村建立健全了"一约四会+X"制度,建立新时代文明实践站,每月开展新时代文明实践志愿服务活动;开展身边好人、文明家庭、好媳妇评选活动;成立了自己的文化品牌"路西杂坛",丰富了群众精神文化生活。

2015 年,路西村被列为旌德县农村集体资产股份合作制改革试点村。为了盘活集体公共资源,该村以集体资源为注册资本,实现资源变资产。截至 2016 年 7 月,路西村完成了清产核资、成员界定、股权设置和成立市场主体工作任务。集体资产总额为 2574 万元,股东 1568 人,按人口股设置 1568 股,每股折价 1.64 万元。

2008 年,路西村参与集体林权制度改革,核发林地使用权证 667 本,面积 9972 亩,发放集体山林股权证 17 本,涉及集体山林面积 3820 亩。2017 年,路西村完成了土地确权,共有 444 户 2092.01 亩土地完成了土地确权。2018年,为探索农村宅基地"三权分置"确权颁证可推广、可复制经验,路西村作为整村推进试点,在确权基础上颁发"三权分置"不动产权登记证书。

路西村借力股改"三变",唤醒了沉睡资源。村集体收入从那时的3万元,到2023年底增至50.26万元。

路西村有片20世纪60年代的老茶园,之前由于疏于管理,茶园效益极其低下。近年来,路西村整合扶持集体经济发展基金、茶叶产业项目资金,在茶园新增800亩滴灌设施,让老茶园焕发了勃勃生机,并新建了1千米沥青道路,将茶房修葺一新,打造"空中茶园"景点。

路西"空中茶园"(江建兴 摄)

为经营好"空中茶园"景点,路西村还以"空中茶园"为核心,把村集体512万元资产打包,用于旅游开发,创成了AAA级景区。通过争取省发展村级集体经济综改资金120万元,投入空中茶园帐篷木屋项目,村集体每年可得保底分红10万元。

生态资源产业化经营是实现"绿水青山"向"金山银山"转化的现实手段。

路西村通过发展旅游产业,让好风景变成了好前景。村里成立了路西旅游发展有限公司,通过"公司+协会+农民"发展了36家农家乐、13户农家客栈。2019年新建、改建民宿标间37间,床位数80张,由路西旅游发展有限公司统一运营、统一管理,住宿经营收入按公司10%、村集体10%、民宿户80%划分。

路西村委会拓展思路,积极开发景区茶园、徽水河、原始森林、千年古埂、白鹭洲等旅游项目,还连续两年获得了"健康安徽"环江淮万人骑行大赛旌德站比赛的承办权。2023年,路西村接待游客5.9万人次,实现旅游收入100余万元。目前,路西村常住居民人均可支配收入高于全省平均水平。

"空中茶园"成了旌德县的一处网红旅游打卡点,茶园照片登上了《中国国家地理》杂志。2024年春季三溪镇策划的"醒春计划",使空中茶园游客达到2.1万人次,增加集体经济收入15.8万元。过去"靠茶叶产品卖钱"的老模式变成了如今"服务挣钱"的新业态。

路西村获得了"中国特色村""国家森林乡村""安徽省旅游示范村""安徽省首批美丽乡村重点示范村"等荣誉。

以生态美景疗愈心灵,成了城市居民的出游首选。每逢周末及法定节假日,总有很多市民选择自驾游,入住乡间民宿。

旌德县兴隆镇三山村距黄山风景区仅 43 千米,这里群山环抱、水流潺潺、空气清新。

据三山村党总支书记、林长倪海超介绍,三山村把村民宅基地、鱼塘等闲置资源入股发展"村田里"民宿。占地约 10 亩的"村田里"溪谷民宿仅 2024 年年初一至年初八的总营业收入就有近 6 万元,每年可为村集体增收约 11 万元。

民宿项目负责人徐飞虎是土生土长的三山村人,早年在江浙一带做生意。徐飞虎年近五十,之所以选择回乡组建运营民宿项目不仅是为了留住"乡愁",更是看中了家乡的"绿水青山"。

游客在三山村,春摄云上梯田、夏瞰丰收金稻、秋游牛栏古道、冬赏傲雪寒梅。"村田里"民宿项目借助乡村生态优势,以四季景观为先,结合村情开发了鱼塘、露营基地、树屋等各种休闲娱乐项目。"到这里的游客主要来自江浙地区,周末节假日房间基本上都被订满了,春节期间很多游客都订不到。"

登上三山村梯田观景台,巨大的心形池塘倒映出碧蓝的天空,远处的梅林红满枝头、暗香浮动,连片蓄水梯田在村落周围铺开,云雾缭绕,犹如天空之城……

身入其画,这样一幅和美乡村的画卷让人眼前一"靓"。

有美景有服务,游客在乡野之外,也能体验到舒心的睡眠质量。民宿院内设憩茶帐篷、农具小景、花间小筑,游客在这里可以坐拥小天地,享受古村的闲适与农趣。

三山村民宿有个经典的餐饮广告:"村里一桌菜"。所谓"村里一桌菜"模式,就是收购当地村民的蔬菜和家禽,当地农户自产的土鸡、野菜、清水鱼等。这些土菜成了三山村文旅的一大特色,民宿服务人员把游客的订餐需求通过农户微信群告知农户,由农户负责上门送菜。这样,游客可吃到绿色有机的农家菜,农户也多了一个增收途径。2023年7月民宿运营以来,"村里一桌菜"模式共带动农户增收约40万元。

目前,"村田里"民宿项目在保留原乡风貌的基础上,对农家进行了二次生态还原,通过微改造、精提升发展亲子民宿、农家乐、稻鱼农业、休闲采摘等,成功"唤醒"村内闲置房屋和闲置资产。三山村村集体已流转5套闲置老宅、48亩鱼塘、400余亩土地。"村田里"民宿项目自营业以来,总共接待游客1万人次左右,营业额100多万元。

从文旅到产业,三山村也不遑多让,不仅有梅可赏,还有梅可尝。三山村入股了旌德县隐龙梅园生态农场100万元的青梅扩建项目,每年保底分红8万元。而安兴食品公司生产原材料天目山小香薯三山村的种植面积也逾千亩。

青梅、小香薯这两样地道风味小食已经成为三山村"村里一桌菜"的必备项目和游客青睐的伴手礼。2023年,三山村共接待游客超20万人次,旅游增收120余万元。

风光旖旎,景色秀美,游客纷至沓来。

"美丽乡村+"助力乡村振兴,三山村从旅游产业衍生不足、产业特色不明显正依靠优美的生态朝向实现特色产业支撑、多产业融合的良好态势发展。2023年,三山村集体经营性收入64.2万元,实现村集体经济逐年稳步增长。

"林长制改革策源地"的绿色振兴

作为"林长制改革策源地"的旌德县华川村,历史上曾兴于林也困于林。

"缺钱了,上山砍几棵树,几百元进账。"村党支部书记王宏明记忆犹新,20世纪90年代,一些村民靠砍树增收。一场改革让华川村闯出不砍树、能致富的新路子。

2017年3月,安徽省在全国率先探索实施林长制改革,建立省、市、县、乡、村五级林长责任制体系。王宏明由此多了一个头衔:村级林长。从带领村民护绿、增绿、管绿,到引导村民栽香榧、种白茶、发展林下经济,王宏明在村级林长岗位上干得风生水起,"村里早已大变样,森林覆盖率与村民人均收入分别由2000年的50%、4000元提升到2019年的73%、1.2万元"。

一天,凌晨3点半,王宏明睡得正香,猛地被一阵敲门声惊醒:"老王,快! 有人挖杜鹃花!"他一骨碌翻身下床,套上衣服就往外跑。

出了门,一片黑。循着声音,王宏明赶到山脚,发现有人正扛着一株半掌粗的野生杜鹃往车上搬。定睛一看,杜鹃花、樱花、银杏树,足足装了一卡车。王宏明冲过去拦车,但盗采分子迅速开车逃离。

那是2010年,当时这样的盗采盗挖,在华川村时有发生。

"造型好、树干粗的野生杜鹃,一株在市场上能卖上千元。普通的1元钱1斤。"村里的林业大户叶明辉说,"利益驱动,使得一些人铤而走险。"王宏明忧心忡忡,办法不是没想过,比如鼓励热心村民监督、向镇林业站举报,但等工作人员赶到,盗采分子往往已逃之夭夭。

同华川村一样,旌德县内野生杜鹃分布集中的其他区域,盗采盗挖现象也屡禁不止。"林业部门行政执法力量有限,执法监管存在困难。"时任旌德县林业局局长徐文胜坦言,"一个镇林业站,就几名工作人员,监管力量捉襟见肘。"

如何坚持以严格的制度、高效的手段保护发展森林和野生动植物资源,是各地面临的共同课题。

2017年9月和11月,安徽省十二届人大常委会第四十次、第四十一次会议相继审议通过《安徽省林业有害生物防治条例》和新修订的《安徽省环境保护条例》，明确规定"森林资源保护实行林长制""建立省、市、县、乡、村五级林长制"，以地方立法形式为改革护航。

徐文胜说："林长制改革相关配套机制政策的逐步完善，让林业部门管理的腰板硬起来了。"

旌德县林业部门采用先进技术，在野生杜鹃分布集中区域开发建设了珍贵野生植物智能管理系统，实时监控，防止盗采盗挖，并出台了举报奖励办法，开通了"绿色110"微信公众号举报监督平台，严厉打击盗采盗挖行为。

2017年6月，王宏明担任华川村林长。林长要干吗？自己能干啥？林业资源如何管护？上任伊始，王宏明困惑不少。何不从村里最棘手的事抓起？村两委成员帮着出主意，王宏明下定决心整治盗采盗挖。

头一件事就是召开村民代表大会，征求意见。王宏明心里有些犯嘀咕：林长虽说带个"长"，却不是什么"官"，山区的树，分林到户，自己对山场"指手画脚"，大家会听吗？

结果出乎意料。开会当天，王宏明话音刚落，村民们大都举手赞成。有村民当场表态："巡山护林，我也出把力！"

"原来，大部分村民早就对盗采盗挖现象不满，但苦于个人力量有限，难以形成打击盗采盗挖的长效机制。"王宏明对当好林长有了信心。

2017年,"严禁乱挖野生植物,一经抓获,须补偿全部损失并移交司法机关依法处理"的规定,写入华川村村规民约。

那段时间,王宏明时常带着热心村民上山巡护。"过去发现盗采盗挖,我们都找林业站。现在除了给林业站打电话举报,还发动群众齐心协力,共同守好一片林。"王宏明说。

那年4月,花开时节,王宏明惊喜地发现,漫山遍野,全是映山红(杜鹃花)!

2018年12月,安徽省林长制办公室出台《关于全面建立林长制"五个一"服务平台的指导意见》,构建与林长履职尽责相配套的"五个一"服务平台,即"一林一档"信息管理制度、"一林一策"目标规划制度、"一林一技"科技服务制度、"一林一警"执法保障制度、"一林一员"安全巡护制度。

对比任职之初,王宏明多了帮手:县、镇5名林业科技人员定期到村开展科技服务;1名森林派出所民警担任林区警长;选聘配备了5名生态护林员。

那时在华川村,林长信息、林地资源面积、类型、权属等逐一登记建档,变化情况实时更新。"森林抚育、退化林修复、林下经济发展,我们摸清家底,明确规划,因林施策,因地制宜。"王宏明说。

推行林长制改革那一年,也是全国脱贫攻坚工作的关键之年。

"为了小康路上一个也不掉队,我们在选拔护林员时,重点考虑贫困人员,经过村民投票,村里有 6 个贫困村民当选。"

60 岁的贫困户孙业贵,原先是村里的贫困户,没有成家,无儿无女,家里只有两亩薄田,加上体弱多病,干不了重活,日子过得特别艰难。在村级林长王宏明的安排下,穿上工作服,成了"拿固定工资"的生态护林员。

每天一大早,孙业贵就带上砍刀、电喇叭和水壶,踏上一天两趟、一次 3 个多小时的巡山路。孙业贵每天认真做好巡山记录、监测树林病虫害情况、防火防盗伐、向村民宣传林业法律法规和护林知识等。长年在山里跑,只要听到林子深处传来的鸟鸣声,孙业贵大都能分辨出来是什么鸟在叫。一次他路过一片松林,发现林下土有点松,怀疑底下可能有白蚁,就用手去挖一棵树根部的泥土,并掏出手机对准树根拍下照片,报告给村级林长。

成为生态护林员后,孙业贵每个月有 1000 多元固定收入。他将两亩田流转出去,每年还能拿到 800 元左右的租金。这样的好事,是他以前"想也不敢想"的。

王宏明是华川村 3 位村级林长之一,巡山防护也是他的重要工作。华川村的山林管护面积有 2.1 万余亩,划成阳子坞、华子山和毛山 3 个片区,他和另外两位村级林长叶明辉、周云长各负责一片。手机里的"林掌"APP,能清晰记录每次巡山的里程、轨迹,他打开最近一次的轨迹：“看，这一次花了 3 个半小时，走了将近 5 千米……”

在推行林长制后的这 8 年，没人知道护林员们一共用脚步丈量了多长的山路，但是在爱山护山这条路上，华川村已经走了半个多世纪。

1952 年，华川村发行林权股票，入股人在政府指导下进行造林、抚育、保护等工作。1964 年，华川村制定村林业生产和管护制度，初步构建林长制管理雏形。1972 年，华川村大办社队林场，共造林 1800 多亩。从 1983 年到 2004 年，华川村先后实施部省联营丰产林、世行项目造林、林业二创、退耕还林等林业重点工程项目，通过经营大户承包流转村民组和部分村民的山场完成造林 5500 余亩。2007 年开始，华川村进行集体林权制度改革，发放林权证书 336 本。2013 年到 2015 年，华川村鼓励提倡大户承包造林、集体和大户经营国有林地、工商资本投资经营、专业合作社经营等。同时，制定村“两委”干部分片包山制度，明确护林、防火、造林、管理等责任，当时称为片长、山长，就是履行了现在林长的职责。

华川村人常说“靠山吃山”，但是怎么个“吃”法，以前和现在截然不同。

20 世纪七八十年代，整个华川村加起来有十几条猎枪，上山打猎卖钱，是村民们向大山“讨口饭吃”最简单的方法之一。有次，一个盗猎的村民打到一只羚羊，被周云长他们堵了个正着。大家上前一看,母羚羊肚子里竟然还怀着一只小羚羊,周云长的心一下子揪起来,觉得"太残忍了"。

类似这种掠夺性的"吃法",还有乱砍滥伐。周云长当上护林员后,就曾多次遇到过上山偷砍树木的事,"村里人盖房子、给老人做寿材,甚至家里烧锅做饭,都需要木头,他们就上山砍,后来封山育林了,他们就半夜偷偷上山"。

乱砍滥伐最严重的时候,周云长和另一位护林员张邦和守在鸦鹊山口的两个护林棚里,整夜支棱着耳朵,"有一天晚上,我正在护林棚外察看,突然听到张邦和在远处喊我,说有人偷树,我打着手电筒追上去,就看到三四个黑影在前面跑,眼看就要追上了,那几个人把树扔下来跑了,我们没抓到人,但把树追回来了"。

在王宏明记忆中,开满映山红的鸦鹊山美得很。他同样经历过"眼看映山红越来越少"的苦涩年代,"村民们偷挖运出去卖钱,连根挖、成片挖,几年下来,映山红就开得稀稀拉拉的了"。

那些年,"靠山吃山"的华川人,不但自己没有吃饱,反而把山吃得越来越"穷"。而华川村多年的林长制探索和实践,正是要彻底改变这种"吃法",他们通过护绿、增绿、管绿等措施,逐步实现了"森林资源可持续发展"的愿景。

王宏明说:"护绿方面,我们将推行林长制纳入村规民约,明确规定'严禁带火种进山,不准焚烧秸秆,文明祭祀;严禁捕杀、药杀野生动物和乱挖野生植物'。通过一系列措施,稳步推行林长制生活化、制度化、常态化、长效化。增绿方面,广大村民参与,家家户户植树、种草、栽花,不让黄土见天。管绿方面,严格按照年度森林采伐限额进行采伐,并做好采伐后的跟踪管理,完成全村天然林落界分户及停止商业性采伐协议的签订,同时全面落实林业有害生物目标管理,对全村 11 株古树名木进行挂牌,制定保护方案并完成保护措施。"

随着责任明确、制度健全、问效追责的森林资源保护与发展体系逐渐走向成熟,华川村曾经被吃"穷"的山,也恢复了往昔的风采。周云长最明显的感觉是,山上的动物越来越多,有麂子、野猪、梅花鹿,"我曾亲眼看到一只梅花鹿走下山,跑到村边的池塘附近,和黄牛一起吃草"。王宏明最开心的是,"每年春天,手机里又能拍到映山红开满山野的美景,特别壮观"。

从曾经掠夺式的"靠山吃山",到如今通过多种方式实现森林资源可持续发展,华川村走出了一条极具特色的改革和实践之路。

2017 年,华川村污水处理项目和改厕项目全部完成,2018 年被评为"安徽省美丽乡村"。

走进华川村,家家户户,房前屋后,栽花种草植树。在林长王宏明带领下,村里引入社会资本,建立了油茶、白茶等基地,村民流转林权,入股分红。

2013年,叶明辉流转了245亩山林地开始种植油茶,经过10年发展,面积已经扩大到1800多亩,在茶场里固定务工的村民达15人。

最初种油茶时,有不少村民好奇又怀疑:"这种的是啥,真的能挣到钱?"叶明辉就给大家科普:"这是油茶树,结出来的油茶籽能榨油,价格比进口的橄榄油还高。油茶不生虫,不需要花钱打农药,壳剥下来后还能再利用,是上好的有机肥。"

有村民愿意跟着种,叶明辉就手把手地教。栽多大的茶树苗,栽多深,留多少间距,树苗长大后如何修剪,他总是现场指导示范。几年下来,华川村的油茶种植面积越来越大,产量越来越高。王宏明透露:2023年,台商李锦珠先生已在华川注册成立了"旌德山间小小农业科技有限公司",计划投资兴建2000亩油茶基地,建精炼茶油厂,对油茶籽进行深加工。

大力发展林下经济,被王宏明视为华川村林长制改革的重大转变,从护绿、增绿、管绿,到用绿、活绿,林长制与乡村振兴有效衔接,"只有让山林产生效益,让村民能增加收入,才能真正实现绿水青山就是金山银山"。

2016年10月,合肥炮兵学院退役军官、甘肃人赵百林,和妻子吴平为寻找一处山清水秀的地方过农耕生活,从宣城、泾县一路寻访而来,到了旌德县华川村既被这里的生态所吸引又被这里的淳朴民风所感动。他们在华川海拔 400—700 米的鸦鹊山麓租赁 1000 亩山场种植白茶,头 10 年租金 50 元每亩。10 年后采用分红模式,鲜叶利润 10% 分红给村集体。赵百林妻子吴平转让了在合肥开办的 3 个小幼儿园,夫妻俩在华川当上了"新农人"。吴平闲暇时喜欢坐在租住房子二楼阳台上喝茶发视频,楼前青山泉水世外桃源般的景象让网友们目不转睛。赵百林的华川丰润农业发展公司,日常茶园管理用工二三十人,采茶季日用工 200 人,每年支付人工费用 100 万元,这些费用绝大部分进了华川人的腰包。经过六七年的发展,丰润公司目前已能年产茶叶 3000 多千克。村级林长王宏明关心丰润公司的发展,去冬就为企业选好土地盖茶叶加工厂,争取项目资金 445 万元。

在华川种灵芝的吕文清是旌德人,先后在版书、白地等地人工种植灵芝,后辗转到了气候温凉湿润、森林资源禀赋良好的华川村,种植仿野生原木栽培灵芝。他现有标准化灵芝种植基地 300 亩、林下种植基地 1000 亩。吕文清租用村里的房子建起了"灵芝农产品展示中心",为"北纬三十度碑"景点增加了新内容。吕文清说:"华川村不仅生态好,村风一等一的好。自己经常人不在,展览中心门都不关,真的是夜不闭户,路不拾遗。"今年村里通过争取项目资金 265 万元,与他合作灵芝酒项目。

说起华川村"靠山吃山"的新成果,王宏明道出一连串数字:

华川灵芝展示中心(江建兴　摄)

黄山云乐灵芝基地(江建兴　摄)

近年来通过家庭林场租赁村民 7600 余亩林地的林下经营权,用于种植黄精,每年可为脱贫户增加收入 1500 元;聘请脱贫户 4 人参加抚育管理,增加劳务收入 11290 元;吸引经营大户承包村集体山场 520 亩共 60 年,种植香榧、山核桃并在林下套种白茶,前 10 年村集体可得到每亩 500 元的林地使用费,后 50 年按纯利润的 10%—30% 参与分红,并约定劳务用工优先安排当地村民。2022 年,村集体经营性收入 82.2 万元。

山林"活"起来,受益的是老百姓。村民张光荣家里有 8 亩林地,他将其中 3 亩流转给白茶种植大户,另外 5 亩地自己也种上了白茶,每年光卖鲜叶就能挣上万元钱。此外,他还加入了订单鸡养殖项目,每年也有一笔不小的收入。

林长制改革推行 8 年,华川村村民们的精神面貌也有了翻天覆地的变化。周云长深有体会:"现在逢清明冬至祭祀,村里人已经不烧纸了,改成献花,自觉爱护生态环境。另外,大家富起来后,家庭矛盾也少了,小家和睦了,整个华川村也变得和睦了。自己和老伴去上海女儿家住了一星期,回来后,家里的猪啊鸡啊都被邻居喂得饱饱的——这样的华川村,就是人人向往的和美乡村!"

2018 年,旌德县环保局把全县饮用水质量检测和空气质量指标测试点都定在华川村,省环保厅指定的第三方单位定期到华川村测试,无疑华川成了旌德县水质和空气质量的标杆。值得自豪的是,6

年来,旌德县空气质量在全省均名列前茅。自北而南流经华川村的大溪河里不仅有石斑鱼,还有对水质要求特别苛刻的娃娃鱼,华川村的生态环境可见一斑。

环保部门在华川村采集旌德县大气数据(周云长　摄)

经过多年护绿、增绿、管绿之后,华川村林长制改革正在向用绿、活绿上转变,并展示出强大发展后劲:2023 年,华川村森林覆盖率达 81.95%,依靠发展山林经济,村集体经营性收入 88 万元,农民人均收入 2 万元。

绿满华川,护绿生金。王宏明感慨道:"人不负青山,青山必定不负人哪!"

这是"全国林长制策源地"交出的一份出色答卷!

参考文献

〔1〕旌德县地方志办公室,旌德县志〔M〕.清嘉庆.陈炳德,主修.赵良澍,总修.旌德县续志〔M〕.清道光.王椿林,主修.胡承洪,总修.合肥:黄山书社,2010.

〔2〕旌德县地方志编纂委员会办公室.旌德县志〔M〕.合肥:黄山书社,1992.

〔3〕中共安徽省委党校(安徽行政学院)社会与生态文明教研部课题组.林长治林:理论编〔M〕.合肥:安徽文艺出版社,2023.

〔4〕安徽省林业局,安徽省林长制办公室.林长治林:制度编〔M〕.合肥:安徽文艺出版社,2023.

〔5〕安徽省林业局,安徽省林长制办公室.林长治林:新闻编〔M〕.合肥:安徽人民出版社,2022.

〔6〕安徽省林业局,安徽省林长制办公室.林长治林:案例编[M].合肥:安徽人民出版社,2022.

〔7〕中国人民政治协商会议安徽省旌德县委员会文史资料委员会.旌德县文史资料第三辑:林海溯源[M].1998.

〔8〕朱斌峰.安徽绿[J].人民文学,2020,12.

〔9〕旌德县林业局.旌德县林业志[M].打印稿,2006.

〔10〕游仪.林长治林记[N].人民日报,2020-10-09.